shang

中华人民共和国成立 70 周年建筑装饰行业献礼

清尚装饰精品

中国建筑装饰协会　组织编写

北京清尚建筑装饰工程有限公司　编著

中国建筑工业出版社

tsing shang

以人为本
设计领先
努力创新
追求完美

editorial board

丛书编委会

本书编委会

总指导	刘晓一
总审稿	王本明
编委会主任	吴晞

副主任（按姓氏笔画排序）

马五强　马继志　于筱渝　王中国　王　刚

田洪茹　兰　海　田海婴　闫　工　刘　倩

刘　辉　张庆华　李怀生　宋　捷　郑玮琨

林　洋　洪麦恩　郭欣建　宿利群　曹静杰

主编　吴晞

副主编（按姓氏笔画排序）

刁淑会　于　州　于晓辉　王　子　吴　丹

王　旭　王志勇　王　南　王雪农　史丙洋

付金安　白笑霜　叶　霏　叶鑫帅　刘维敏

朱　辉　刘新怡　李文龙　邱少华　张乐英

李　阳　李向军　张宇春　陆伟峰　陈金红

李林林　李桐明　李　萌　韩丽华　张　蒙

张照健　张　磊　周　欣　武登魁　胡　娜

贺　潇　夏宇飞　郭欣建　董小弟　温俊平

程　浩　韩　铭　温瑞平　翟江南

foreword

序一

中国建筑装饰协会名誉会长
马挺贵

伴随着改革开放的步伐，中国建筑装饰行业这一具有政治、经济、文化意义的传统行业焕发了青春，得到了蓬勃发展。建筑装饰行业已成为年产值数万亿元、吸纳劳动力 1600 多万人，并持续实现较高增长速度、在社会经济发展中发挥基础性作用的支柱型行业，成为名副其实的"资源永续、业态常青"的行业。

中国建筑装饰行业的发展，不仅有着坚实的社会思想、经济实力及技术发展的基础，更有行业从业者队伍的奋勇拼搏、敢于创新、精益求精的社会责任担当。建筑装饰行业的发展，不仅彰显了我国经济发展的辉煌，也是中华人民共和国成立 70 周年，尤其是改革开放 40 多年发展的一笔宝贵的财富，值得认真总结、大力弘扬，以便更好地激励行业不断迈向新的高度，为建设富强、美丽的中国再立新功。

本套丛书是由中国建筑装饰协会和中国建筑工业出版社合作，共同组织编撰的一套展现中华人民共和国成立 70 周年来，中国建筑装饰行业取得辉煌成就的专业科技类书籍。本套丛书系统总结了行业内优秀企业的工程施工技艺，这在行业中是第一次，也是行业内一件非常有意义的大事，是行业深入贯彻落实习近平新时代中国特色社会主义理论和创新发展战略，提高服务意识和能力的具体行动。

本套丛书集中展现了中华人民共和国成立 70 周年，尤其是改革开放 40 多年来，中国建筑装饰行业领军大企业的发展历程，具体展现了优秀企业在管理理念升华、技术创新发展与完善方面取得的具体成果。本套丛书的出版是对优秀企业和企业家的褒奖，也是对行业技术创新与发展的有力推动，对建设中国特色社会主义现代化强国有着重要的现实意义。

感谢中国建筑装饰协会秘书处和中国建筑工业出版社以及参编企业相关同志的辛勤劳动，并祝中国建筑装饰行业健康、可持续发展。

中国建筑装饰协会会长
刘晓一

为了庆祝中华人民共和国成立 70 周年，中国建筑装饰协会和中国建筑工业出版社合作，于 2017 年 4 月决定出版一套以行业内优秀企业为主体的、展现我国建筑装饰成果的丛书，并作为协会的一项重要工作任务，派出了专人负责筹划、组织，以推动此项工作顺利进行。在出版社的强力支持下，经过参编企业和协会秘书处一年多的共同努力，该套丛书目前已经开始陆续出版发行了。

建筑装饰行业是一个与国民经济各部门紧密联系、与人民福祉密切相关、高度展现国家发展成就的基础行业，在国民经济与社会发展中发挥着极为重要的作用。中华人民共和国成立 70 周年，尤其是改革开放 40 多年来，我国建筑装饰行业在全体从业者的共同努力下，紧跟国家发展步伐，全面顺应国家发展战略，取得了辉煌成就。本丛书就是一套反映建筑装饰企业发展在管理、科技方面取得具体成果的书籍，不仅是对以往成果的总结，更有推动行业今后发展的战略意义。

党的十八大之后，我国经济发展进入新常态。在创新、协调、绿色、开放、共享的新发展理念指导下，我国经济已经进入供给侧结构性改革的新发展阶段。中国特色社会主义建设进入新时期后，为建筑装饰行业发展提供了新的机遇和空间，企业也面临着新的挑战，必须进行新探索。其中动能转换、模式创新、互联网＋、国际产能合作等建筑装饰企业发展的新思路、新举措，将成为推动企业发展的新动力。

党的十九大提出"人民日益增长的美好生活需要和不平衡不充分的发展之间的矛盾"是当前我国社会主要矛盾，这对建筑装饰行业与企业发展提出新的要求。人民对环境质量要求的不断提升，互联网、物联网等网络信息技术的普及应用，建筑技术、建筑形态、建筑材料的发展，推动工程项目管理转型升级、提质增效、培育和弘扬工匠精神等，都是当前建筑装饰企业极为关心的重大课题。

本套丛书以业内优秀企业建设的具体工程项目为载体，直接或间接地展现对行业、企业、项目管理、技术创新发展等方面的思考心得、行动方案和经验收获，对在决胜全面建成小康社会，实现"两个一百年"奋斗目标中实现建筑装饰行业的健康、可持续发展，具有重要的学习与借鉴意义。

愿行业广大从业者能从本套丛书中汲取营养和能量，使本套丛书成为推动建筑装饰行业发展的助推器和润滑剂。

走近清尚
Tsingshang

不忘初心、践行中国建筑装饰行业高品质发展

这是一家从大学走出来的企业，是一家视国家和社会责任为己任的企业，更是一家汇聚了国内顶尖设计师的企业；它既代表了行业的高度，也代表了学术的前沿，它不断地从高校学科建设中汲取技术力量，又持续地将市场经验反哺给学校的教学研究；它曾经代表国家走向世界，又将世界建筑装饰设计的先进理念带回中国。

文脉与起源

清尚公司作为企业独立发展只有短短的 18 年，但它的精神源头和学术之根，却始于 20 世纪 50 年代。可以说，清尚公司的发展与中国特殊的经济发展轨迹密不可分。1984 年 5 月，原中央工艺美术学院成立了教学科研设计经理处，以学院开展社会实践方式接受国家、各部委及社会企业的委托，开展有偿社会服务；1988 年 3 月，中央工艺美术学院成立环境艺术研究设计所，同年首批获得建设工程室内设计专项甲级资质，中央工艺美术学院的"室内设计系"也更名为"环境艺术设计系"。

1999 年 11 月，中央工艺美术学院并入清华大学，并专门成立了清华大学美术学院校办企业改制领导小组，对中央工艺美术学院所投资的校办企业进行资产整合。改制后的企业由清华大学控股，同年注册了"清华工美"商标，正式开启了校属企业在市场环境中的探索与历练。

2005 年，根据教育部的规定，在清华大学投资的企业中，"清华工美"被首批取消清华冠名，企业正式更名为"北京清尚建筑装饰工程有限公司"，并发展至今。

发展与探索

清尚公司具备住房和城乡建设部批准的建筑装饰装修工程施工一级资质和设计甲级资质。企业目前由清华大学全资子公司清控人居控股集团控股，注册资本 6800 万元，拥有全国建筑装饰行业首批 AAA 等级资信，并通过了 ISO9001 质量管理体系、GB/T28001 职业健康安全管理体系和 ISO14001 环境管理体系认证，连续数十年被中国建筑装饰协会评定为中国建筑装饰行业百强企业。

公司经营组织架构调整与市场发展紧密相连

清尚公司拥有 15 个设计工程部和数十个直属项目部。这些项目部门积极参与建筑装饰市场运作，业务范围涵盖了展陈空间、办公空间、商业空间、酒店空间、影剧院空间、金融与医疗空间等多个细分市场。

随着清尚公司的市场影响力不断提升，企业所承接的项目也逐渐覆盖了全国绝大多数城市。截至 2020 年，企业承接的项目已涵盖了全国 31 个省（市、自治区）的 161 个大中城市。为了更好地支持经营项目的运转，公司批准建立了 15 个分公司。

2005 年 12 月，为了拓展建筑工程设计市场，进一步提升清尚品牌的设计影响力，清尚公司投资成立了北京清尚环艺建筑设计院（后更名为北京清尚建筑设计研究院）。设计院具有建筑行业（建筑工程）甲级、装饰装修工程设计专项甲级、风景园林工

程设计专项乙级、旅游规划乙级等设计资质，业务范围涵盖了建筑设计与规划、室内设计、景观园林设计规划、旅游规划等领域。设计院在过去8年中，年均产值超过2亿元，承接和参与了人民大会堂、中国美术馆、首都博物馆和APEC会议中心、北京新保利大厦、奥林匹克D座（五星级）酒店、米兰世博会中国馆、上海世博会未来馆、上海保利大厦、德州高铁火车站建筑设计等一批国家重要项目的设计，并获得了多项国家级与省部级荣誉奖项。

2015年1月，清尚公司又投资成立了北京清尚陈设艺术有限公司。这是一家可以配合室内设计项目策划、设计、制作定制艺术品的公司。陈设艺术设计是目前许多室内设计公司都力图拓展的业务领域，市场潜力巨大。清尚公司希望充分利用自身的设计优势，根据空间特色和业主要求提供艺术品设计和定制服务，并力图为甲方单位提供艺术品增值服务。陈设品不仅包括艺术品，还有工艺品和新型设计产品，能形成具有不同价格、材质、工艺、品位、体量、空间匹配度等的多层级产品系列。

注重培养高端创意人才和专业团队整体素质提升

清尚公司深刻认识到自身的发展优势，作为轻资产和专业技术型企业，人才是企业的核心竞争力。清尚公司历来都非常重视依托清华大学美术学院的学术优势，邀请多位教授与专家在公司合作建立研究所，共同研究市场动态与培养专业人才。这些研究所包括展示艺术研究所、陈设艺术研究所、城市视觉设计研究所、文化创意与空间设计研究所、水岸空间设计研究所、商业地产规划设计研究所等机构，其研究方向无一不是当前国内设计行业内的重要领域或前沿领域。这些做法清晰地表达了清尚公司领先一步的发展理念。这种将企业作为学院教学科研的实习基地，将学院作为企业的研发中心的合作模式，成功开创了学校创办企业，践行产、学、研结合的发展方向。

同时，清尚公司还非常注重打造企业自身的专业技术力量。公司每年积极组织员工参加专业技术职务任职资格的评审，经过近几年的积累，公司目前已拥有260余位中、高级职称专业设计师，70余位注册建造师和一批经验丰富的工程技术人员，为实施完成高质量高水平的项目提供了充足的人才储备。

敏锐探查市场变化，顺应行业发展趋势

清尚公司在十多年的发展过程中，不断地敏锐探查建筑装饰整体市场与行业的变化并积极应对，调整公司业务架构，为公司持续发展提供方向指引。目前国家博物馆投资和建设进入一个新的高峰期，具有文化创意优势和学院各专业支持的清尚公司展陈事业迅速发展。在近三年的公司业绩中，展陈空间的业务创造的业绩超过65%。由于市场的需求和清尚公司在项目实践中的业绩积累，这一优势还在不断扩大。清尚公司二十余次荣获国家文物局颁发的博物馆"十大精品"奖，所承接的超过1000万元的展陈项目已经达160余项，其中包括中国美术馆、首都博物馆、毛泽东同志纪念馆、周恩来纪念馆、中国现代文学馆、中国地质博物馆以及多个省

会城市博物馆等一大批知名度高、影响力大的优秀博物馆项目。同时，清尚公司还精准定位于文化和技术含量更高的博物馆展陈策划与后期运营，这有利于更好地展现清尚展陈设计的专业水平。随着未来博物馆建设的文化内涵不断升级，清尚公司必将拥有更大的施展空间。

20世纪90年代初，中国百货业进入快速发展期，随着中国零售市场和商业模式的快速发展与逐步成熟，商业空间设计成为变化最大、最快，也最具吸引力、创新性，对民众日常生活影响最为深远的设计领域。清尚公司敏锐地捕捉到北京地区商业地产的快速发展这一机遇，成为最早进入商业购物空间设计与装饰市场的企业之一，并一直在该领域占重要地位。清尚公司先后完成了北京燕莎奥特莱斯购物中心、北京首都国际机场T3航站楼零售商业空间、多座城市的王府井百货等新中国传统型商业购物空间提升改造的设计工作，尤其是号称"新中国第一店"的北京百货大楼改造项目，成为北京市老建筑、老商业工程成功改造的典范。而作为新兴派的商业空间设计团队，则是通过与万达集团深度合作，项目涵盖了从万达广场到万达第四代城市商业综合体文化旅游城商业中心万达茂。目前更是不断参与国内知名大型商业地产商的项目，包括遍布全国各地的银泰城、SOHO、大悦城、五彩城、宝龙城市广场，乃至商业地产界新贵红星美凯龙的爱琴海、雨润城市综合体等。清尚公司的商业空间设计能力已达到国际级水准。

可以说，伴随着中国商业购物空间载体的更迭，清尚公司见证了中国百货业与零售商业的发展，也促进了中国商业购物空间设计的发展。

积极整合高校优势资源，引领市场新领域

2013年，清华系企业改革又推出大手笔——以吴良镛教授人居环境科学理论为基本理念，把清华规划研究设计院、建筑设计研究院、环境科学研究院及清尚集团进行资产合并，组建了清控人居控股集团有限公司。人居集团产业结构涉及城市规划、建筑设计、室内装饰、环境工程和土建总承包五大领域，通过板块合并、板块提升和板块拓展，创造一种新的商务模式，加强集团内部协调与合作，以便更高效地配置资源，为甲方提供更全面、更完善的服务。而"新甲方"项目不同于传统设计和咨询服务，是指跨专业、多方位和综合性地为甲方提供咨询服务，比如配合地方政府完成智慧城市、海绵城市的规划设计，介入城市托管运营，全程负责城市新区、产业园区的策划、设计、建造、运营等，这类项目有利于集团为其提供全产业链服务，为中国新型城镇化建设打造示范工程。

使命与展望

清尚公司把融入清控人居控股集团作为促进企业下一步发展的新动力，提倡所有成员企业相互支持，争取发挥清华系企业内部整合的优势，

并明确提出学校投资的企业不仅要盈利，更重要的是配合学科建设，为国家和城市发展献计献策。清尚公司将借助人居集团在规划、建筑、装饰、环境设计等方面的专业优势，参与新型城镇化建设的顶层咨询、策划，为客户提供全产业链的系统服务，践行人居理想，为国家和民生的幸福作出重要、积极的贡献。

回顾清尚公司的发展历程，当新中国建筑装饰行业起步之时，国内曾同时存在着一批由美术院校创办的室内设计或装饰公司实体。发展至今，仍由大学控股，并在产、学、研一体化道路上不断探索发展壮大的企业，目前已为数不多。而始终坚持"产学研相结合"的校企合作模式，正是清尚公司持续发展和保持活力的一个重要原因。清尚公司作为中国建筑装饰行业百强企业中唯一的校属企业，还发挥着人才培养和学术研究的重要作用。企业多次主办和承办中国建筑装饰行业各种国际会议和高端论坛，大力推进国际交流，同时利用高校的资源为行业发展服务。

党的十九大提出，加快一流大学和一流学科的建设，实现高等级内涵式发展。为实现大学"双一流"的建设目标，清华大学对校属企业的深化改革又提出了新的要求，促进科技成果转化和人才培养成为校属企业的首要任务。清尚公司作为高校企业更应明确自身的发展目标和社会价值，积极适应新常态下建筑装饰行业的市场需求，不断创新发展，始终践行清尚公司不变的宗旨——以人为本、设计领先、努力创新、追求完美。

目录

Contents

清尚 装饰精品

清尚 装饰精品

外景正面

清华大学艺术博物馆室内展陈设计

项目地点
北京海淀区清华大学校内

工程规模
总建筑面积 3 万平方米

建设单位
清华大学

建筑方案设计单位
瑞士建筑师马里奥·博塔主持设计

室内展陈设计单位
北京清尚建筑设计研究院有限公司

开竣工时间
2016 年 1 月至 2016 年 6 月

获奖情况
中国装饰设计奖（CBDA 设计奖）展陈空间工程类金奖

建筑外观

设计特点

清华大学艺术博物馆位于北京市海淀区清华大学校园内。博物馆建筑方案由瑞士建筑师马里奥·博塔主持设计，博塔曾主持多所一流博物馆建筑设计，对博物馆空间的组织、场所与环境的解读都具有原创性和独特性，其工业感的框架、模数造型顶棚与体块式空间设计，具有鲜明的地域特征与时代精神。

清华大学艺术博物馆作为院校类博物馆，收藏了古今中外众多优秀艺术品，是东西方文化相互交流的平台，展示科学与艺术的融合之美与进行艺术教育将成为它的重要职能。

室内专项设计

建筑及展陈空间

清华大学艺术博物馆为框剪结构建筑，地上4层，地下1层，总建筑面积约3万平方米，其中展厅区域约9000m²，藏品库区域5000m²。

内部空间一层至三层为临时展厅，第四层为常设展厅，地下一层为藏品库。公共空间开敞通透，入口处大型楼梯将4层各展厅相连。一层与四层展厅的无柱设计，通透性强，满足艺术类院校多种展陈需求，小型展厅的围合性空间兼具高端展示的功能。

第四层常设展厅的建筑空间做了较大的改动。原建筑为开敞的空间，根据常设展的类别需要，将其用墙体分隔成各个独立展厅。这项改动也涉及原建筑设备及消防的改造，为此设计上汇集建筑、消防、设备等各专业单位进行详细的讨论，制定了解决方案。

入口空间

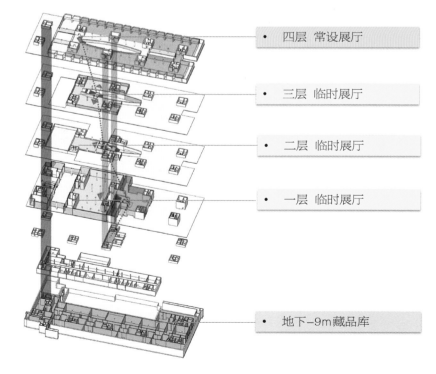

- 四层 常设展厅
- 三层 临时展厅
- 二层 临时展厅
- 一层 临时展厅
- 地下-9m藏品库

各层功能

入口空间及楼梯

原建筑空间

调整后的空间

常设展厅为织绣厅、陶瓷厅、家具厅、青铜厅、书画厅，各个展厅自成风格，相互独立。因地制宜设计展厅流线，适应参观者观展要求，南侧展厅流线从右至左，北侧展厅流线从左至右。

藏品库

展品库的平面功能规划

根据现有的平面功能，增加出入库登记室、风淋更衣室、摄影室等空间，并增加三道大门及两套安防系统，使功能更加全面完善，库房更加安全并降低管理难度。

展品库的库房平面布置

清华博物馆现有藏品分 5 类，分别是陶瓷、家具、书画件、织绣、杂项，其中包括有机类藏品和无机类藏品。建筑预留消防系统包括气体灭火、液体灭火两类,液体灭火对有机类藏品的危害较大,所以为了保护藏品,有机类藏品库布置在气体灭火位置,无机类藏品布置在液体灭火位置。

展品库房的安防系统

宏观上,在展品库走廊两端分别设置安防门,使库房呈口袋形布局。具体设计中,在库房货梯旁设置藏品出入库记录室,每间库房单独设置藏品出入库记录台,使安防、研究双系

统都有登记保障。

温湿度的设计

库房的温湿度设置按展品来分,有机类藏品和无机类藏品库房,温度湿度各有不同。湿度按材质分为五类,由青铜器向动物标本湿度递增。

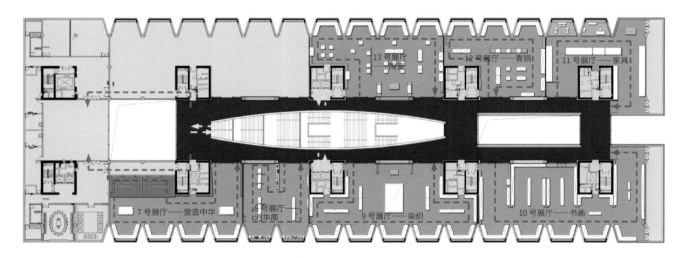

←-- - -- - 参观动线

←-- - -- - 垂直动线

←-- - -- - 通往演播厅

常设展厅参观动线

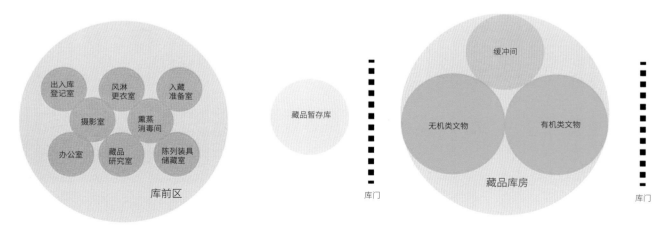

温湿度要求

库房分类	温湿度	范围
有机类藏品库房	温度	16℃
	相对湿度	45%～55%
无机类藏品库房	温度	20℃
	相对湿度	45%～50%

湿度要求

藏品材质类别	相对湿度
金银器、青铜器、古钱币、陶瓷、石器、玉器等	40% ～ 50%
纸质书画、纺织品、腊叶植物标本等	55% ～ 60%
竹器、木器、藤器、骨器、象牙、古生物化石等	55% ～ 65%
墓葬壁画等	45% ～ 55%
一般动、植物标本等	40% ～ 60%

基本用房温湿度要求

用房名称	温度	相对湿度
裱糊室	18 ～ 28°C	50% ～ 70%
保护技术试验室	18 ～ 28°C	40% ～ 60%
复印室	18 ～ 28°C	50% ～ 65%
声像室	20 ～ 25°C	50% ～ 60%
阅览室	18 ～ 28°C	—
展览厅	14 ～ 28°C	45% ～ 60%
工作间（拍照、拷贝、校对、阅读）	18 ～ 28°C	40% ～ 60%

藏品照度推荐值

展品类别	照度推荐值
对光不敏感：金属、石材、玻璃、陶瓷、珠宝、搪瓷、珐琅等	<300lx（色温 <6500K）
对光较敏感：竹器、木器、藤器、漆器、骨器、油画、壁画、角制品、天然皮革、动物标本等	<180lx（色温 <4000K）
对光特别敏感：纸质书画、纺织品、印刷品、树胶彩画、染色皮革、植物标本等	<50lx（色温 <2900K）

照明设计

库区照明采用人工光源，光源采用三基色荧光灯或太阳光管。展品库的照度按照展品对光的敏感程度可分为三类：金属玻璃等属于对光不敏感的藏品，纸质书画类属于对光敏感的藏品，纺织品等属于对光特别敏感的藏品。对光越敏感需要色温越底。

织绣厅入口

重点分析

常设展厅重点分析

织绣厅

　　该展厅在保持展品的珍贵性及多样性的前提下，多方位、全视角地向参观者展示清华艺术博物馆所藏的织绣艺术品。

　　其中的"无量寿尊佛"缂丝佛像藏品，长695cm，宽385cm，为清宫旧藏。图案色彩多至百种以上，细部极为繁复工致，幅面阔大恢宏，堪称缂丝艺术的登峰造极之作。

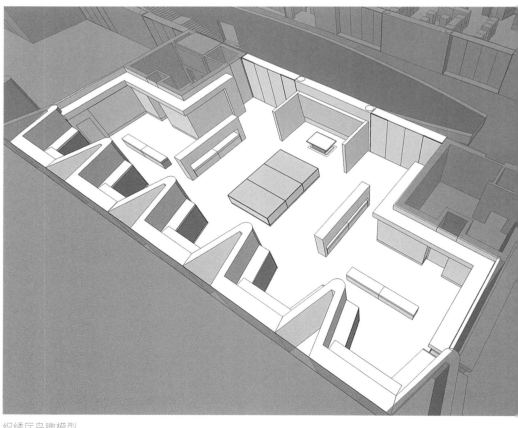

织绣厅鸟瞰模型

织绣厅 1

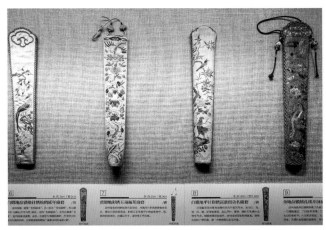

织绣厅局部

织绣厅 2

设计将此藏品设置于展厅中心，位于展厅的视觉焦点和参观动线中心。因该藏品尺寸巨大，将其设置为平铺，配以大型玻璃展柜，并在藏品上方设置重点照明，使参观者能够全方位详细欣赏。

"无量尊寿佛"展示

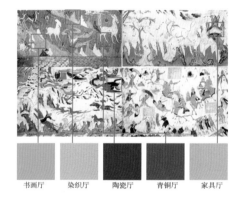

书画厅　染织厅　陶瓷厅　青铜厅　家具厅

标题字体

作为标题　改用中雅宋　增加辅助线
笔画过细　　　　　　明确阅读顺序

内文字体

内文字体较小，宋体为内文　改为黑体，增加行间距，方便阅读
笔画粗细不一不利于长段阅读

陶瓷厅

陶瓷厅位于第四层，内部空间层高 5.2m，展厅面积 470m²。高而大的空间与小而多的实物产生了巨大的反差。为了让展厅最后呈现的效果既保留原空间大气肃穆的气势，又不显展陈内容空荡，版式设计要起到承上启下、化零为整的作用。将展陈内容与空间结合起来思考，要把握装饰的度，喧宾夺主一直是实物类展览版式设计的大忌。

陶瓷厅所展出的实物以碗、盘、杯类居多，瓶类实物体型不大。在此次设计任务中摒弃以往独立说明牌的方式，对展柜中的物品进行规整，将每个展柜内的说明牌连为一体，让说明牌融入展托系统中，通过数字编号引导参观。这一做法也大大增加了承载文字的面积。

为了达到"适度装饰"的效果，版式设计提出"通上彻下、整体留白、远观不见、近有细节"的设计原则。对于陶瓷这类有立体造型的展品，以

实物本身的器形、色像、质地、落款等作为切入点进行设计发挥。展厅整体配色选择陶瓷本身泥胎的土色系，再结合中国艺术瑰宝——敦煌壁画的配色系统，调配出既符合整个馆藏馆五大展厅色调的大艺术系统，又以别具陶瓷厅自身特色的肃穆安静的专属褐色作为这个展厅最有力的装饰手段。

文字选择方面，借鉴名家落款的字体和排版形式，选择优雅精致的宋体为标题用字，但考虑到大段文字的易读性，内文选择黑体，做到艺术与实用结合。

陶瓷厅展品

陶瓷厅

青铜厅展品

青铜厅

鉴于清华大学艺术博物馆是清华大学的自建博物馆，它与一般博物馆相比，除展示收藏功能外更多地承载了教育和学术研究成果展示的任务。故要在设计之初就考虑到用图表这种更易理解的方式展示内容，并选择可容纳更多文字、图片信息的平面版式展示方式。

青铜厅在实物展柜内对重点实物增设柜内展板，将研究成果以图表形式展示出来。版式设计考虑到展柜的整体尺寸关系，设计通高展板，对图表进行信息梳理和再设计，用线性语言清楚明确地表现出来。

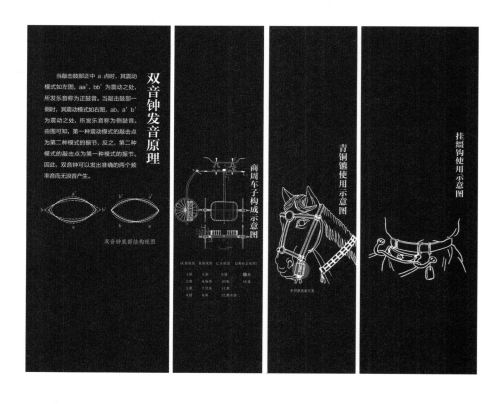

青铜厅

家具厅 1

此外，为了满足展厅装饰的需要，选择实物器型这一特点勾勒出最为灵动优雅的局部作为装饰点缀，利用线性的手法表现，减少外界环境对展品本身的干扰。

家具厅

展品多为明清时期的家具，它们材料精良、品类繁多、做工考究、装饰古雅、造型洗练、尺度合宜、风格典雅，是古典家具的光辉代表。展出一方面向参观者展示了馆藏家具的精美典雅，另一方面也为参观者学习明清时期家具的结构及材料特点提供了参考。

该展厅以白色为基调，为造型优美、选材考究、制作精细的家具提供一个纯粹、干净的展示空间。展台及展墙的搭建方式为展品提供了基础平台，使展品与空间有了更加立体的沟通与联系。展厅设置了互动教学的展品，使参观者能够亲身参与其中。

通过对展品重点照明，突出家具本身的形体特征、立体感、材质本身色泽和纹理的美感。展品表面照度需不大于 200lx，好的显色性能够较好地还原展品的色彩，使展品的价值得以体现。为了更好地还原展品色彩的真实性，显色指数应不小于 90。

照明分析

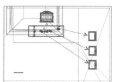

照明分析

家具厅 2

互动教学

局部 1

局部 2

书画厅 1

书画厅

　　清华大学艺术博物馆馆藏书画藏品近 2000 幅，其中不乏明代多位书画大家的真迹。展览以中国艺术发展史为脉络，以时间为序列进行梳理和排布，同时按照流派、地域、风格等体现博物馆在艺术史方面教育功能。根据馆藏品的现状"生长"出属于自己的艺术脉络或状貌，兼顾艺术发展的延续性，为将来展览的可持续发展保留适当的空间，提升展览的整体格调，以带动当代书画大家经典作品的收藏和展示。

　　该展厅主要采用沿墙通柜配合桌面展柜的展示形式，尽可能增加参观距离，保证书画展品的参观效果。展柜的照明应注意对炫光的控制，通柜照明在注重展品重点照明的同时保证背板的照明均匀度，以洗墙照明效果为主，洗墙照明能达到合适的均匀度。

书画厅 2

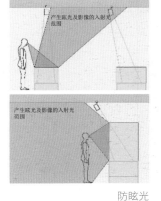

防眩光

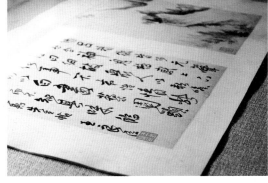

局部

临时展厅

清华大学艺术博物馆的临时展厅主要集中在一层至三层。因临展的特点为展览主题定期变化，展陈形式及展品不断更替，所以在设计上须使空间的使用更具有灵活可变性和普适性。设计上通过设置一定模数、可组合变化的活动展墙以及展板轨道来实现各种展陈组合形式。

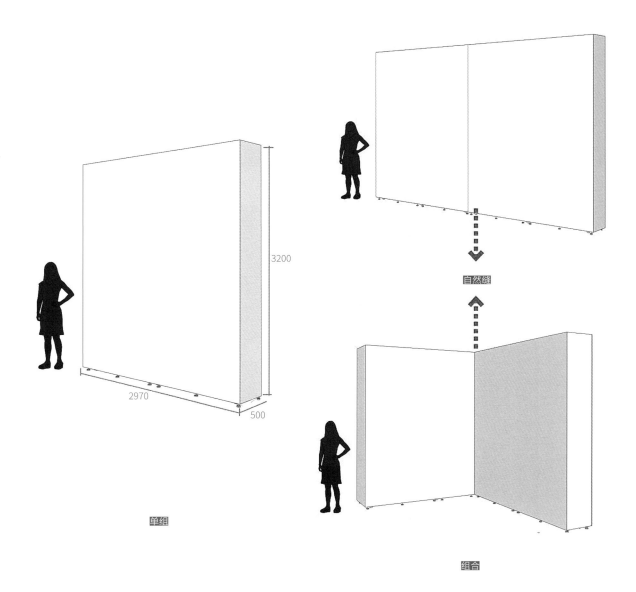

3200

2970

500

单组

自然缝

组合

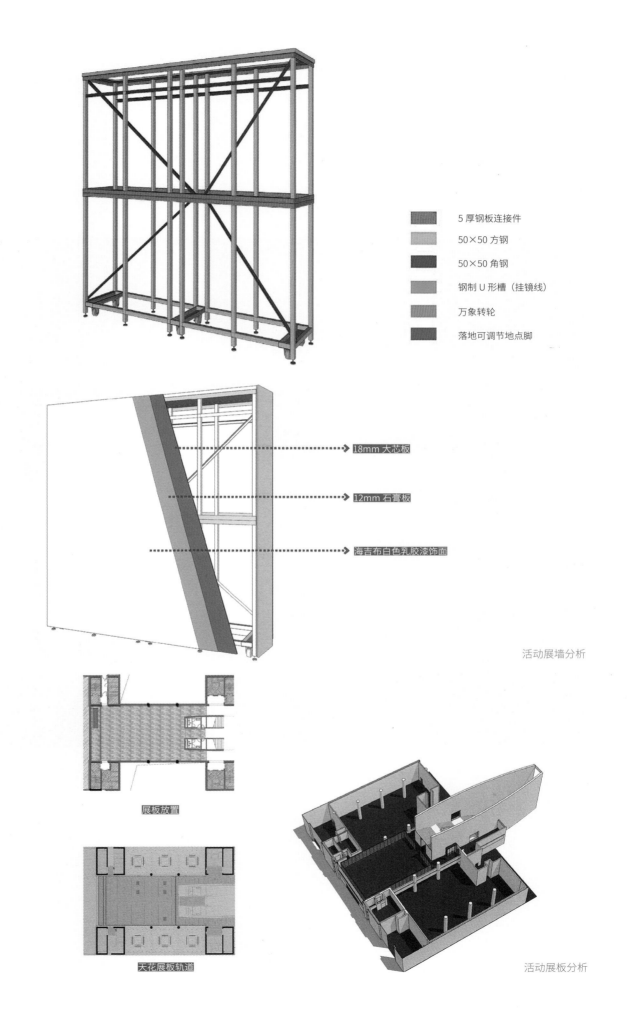

5 厚钢板连接件

50×50 方钢

50×50 角钢

钢制 U 形槽（挂镜线）

万象转轮

落地可调节地点脚

18mm 大芯板

12mm 石膏板

海吉布白色乳胶漆饰面

活动展墙分析

展板放置

天花展板轨道

活动展板分析

临时展厅照明系统

临时展厅特点是灵活多样——展品多样，展品尺寸多样。

因此照明设计的特点为：灯具布置适合多形式展品的布置；单灯可灵活控制，包括灯光明暗、光束角大小、灯光方向等。

照明灯具特点为：减少光辐射的伤害，应有防红外、紫外保护措施；光学配光应多样化并选择多种透镜；提高显色性；避免炫光及光污染，有防炫光及避免光污染设施。

临时展厅局部照明效果

藏品保护

藏品库内保管设备按照文物保护技术规范制作柜架、搁板、抽屉、箱盒。

展品保存原则为：纸质藏品、影像文献作品平放保存；纺织类藏品平放、悬挂保存；综合藏品保存柜可以使用无酸耐久保存箱（柜）；器物类、大型作品、不规则藏品开放式保存；小型器物类结合针对性的内衬材料平放储存；固定挂网可以放置大型作品，可视性保存。

暂存库柜架系统

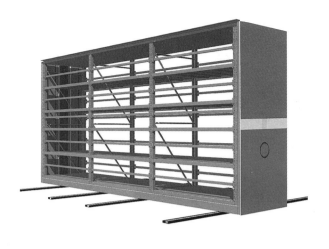

陶瓷库柜架系统

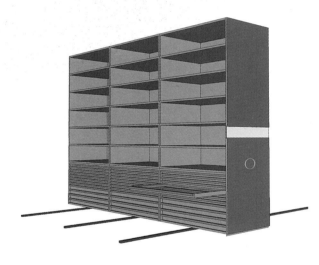

织品服饰库柜架系统 1

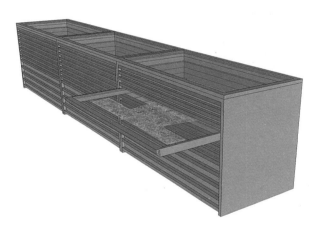

织品服饰库柜架系统 2

中国书画库柜架系统

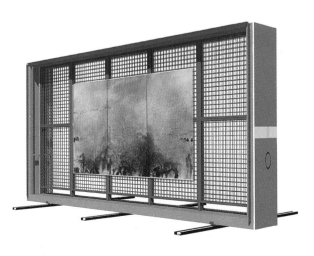

油画库柜架系统

建筑外观夜景

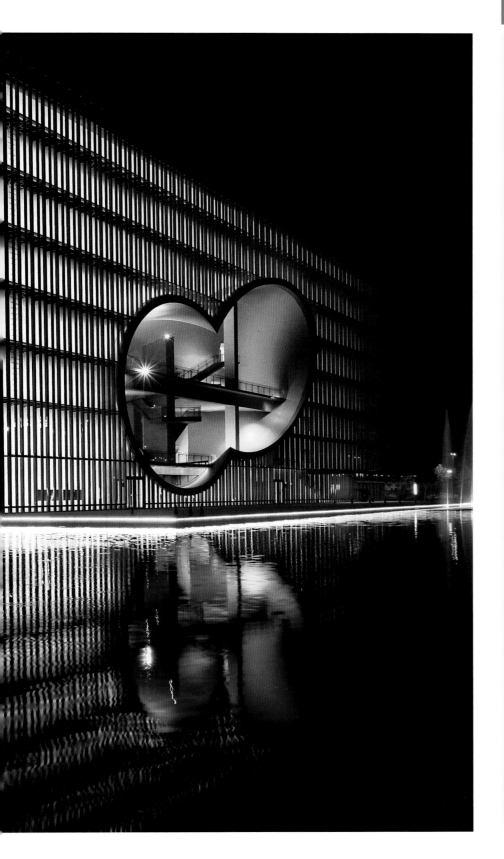

上海嘉定
保利大剧院
室内精装修工程

项目地点
上海市嘉定区白银路 159 号

工程规模
建筑面积 5 万平方米

建设单位
上海保利茂佳房地产开发有限公司

建筑方案设计单位
安藤忠雄建筑事务所

室内设计深化及施工单位
北京清尚建筑装饰工程有限公司

开竣工时间
2013 年 7 月至 2014 年 9 月

获奖情况
2015 年度中国建筑工程鲁班奖
2018 年首届邬达克建筑文化奖

设计特点

　　上海保利大剧院总建筑面积50794m²，地上6层，地下1层，两面邻湖，建筑外墙为清水混凝土，其外又包裹了一层透明玻璃幕墙，由此产生光影变换的效果。建筑的主形体是平面边长100m、高34.4m的立方体，在这个立方体中有5根"圆筒"贯穿，这些"圆筒"在空间中或垂直或水平或交叉或倾斜，构建出动态的室内公共空间，同时也使建筑与自然景观及水、光、风等自然元素相交融相结合。行走在"圆筒"中移步异景，变化万千，诠释了文化万花筒的概念。这是个非常现代的建筑，也是安藤先生第一个空间项目。建筑形式设计非常有特点，但实施难度非常大，深化

设计工作就是将安藤先生所希望达到的效果及每一个细节有效落地并完美呈现。作为一个剧院项目，其深化设计工作不但要解决室内装饰实施和技术落地的问题，同时还需要协调解决观众厅内建筑声学、舞台设备、灯光音响、建筑机电等专业与内装专业的协同配合的问题。另外，使用清水混凝土是安藤先生作品的一大特点，作为装饰面层应用的清水混凝土墙面，在其上面的所有符号，如模板分缝、栓孔位置、灯具预埋、洞口高度等都需要在深化设计阶段加以规划并精准定位。

　　上述这些错综复杂的细节问题，全部要在深化设计阶段解决，这个项目无疑在这方面做得非常好，最终的完美呈现就证明了这一点。

主要室内空间介绍
圆筒空间

空间简介

　　圆筒空间构成了这个建筑的所有公共区域，其中包括入口门厅、观众前厅、室外连廊通道、室外剧场空间。

技术难点、重点及创新点分析

　　圆筒是这个项目内装中最大的难点，同时也是重点和亮点，因为它是本项目公共区域装饰中难度最大的一项，同时也是安藤大师设计概念集中

观众厅前厅圆筒

体现的载体，因此这项工作实施的好坏，将成为决定整个项目成败的关键。其中的难点可以概括为以下几方面：

圆筒格栅的工艺方法及构造做法的确定：这么大面积的木格栅装饰面用什么工艺实现，是在项目的设计阶段及施工前期一直困扰我们的最大问题。安藤先生想要的饰面效果是天然木质的效果，他很希望用天然木质来实施。但对此国内的消防部门投了反对票，按照国内现行防火规范要求，这种位置上的墙面材料必须为A级防火材料。后来经过反复的研究与探讨，同时也征求了安藤大师的意见，最终只能退而求其次，采用铝合金型材作为格栅本体，表面效果采用热转印技术模仿天然木纹效果的工艺方法来实现。这样实施工艺的大方向就确定下来了，但后续的深化工作还有很多难题等待解决，比如格栅条的表面效果如何更接近于天然木皮的效果，格栅条如何安装，每段格栅如何连接，格栅端部如何封口，如何保证圆弧精度，如何确保表面效果，损坏后如何检修等。通过制作样板，以及在过程中不断地调整和完善，才最终得以定型，并作为全面展开施工的依据。

圆筒与圆筒的交接位置处理：这些18m直径和30m直径的圆筒，在空间中呈现不同角度，或垂直，或水平，或倾斜，或交错，或重叠，与室外幕墙、室外剧场又相互关联。这些交接处和关联处如何处理，如何保证实施的精准度，是实施中的又一大难点。圆柱和圆柱在空间中相交的交接线是空间曲线，交汇处的格栅方向是不同的。因此需要在交界处制作一条用于过渡的顺滑的空间曲线来完成收口，难度可想而知。为此借助了BIM系统，利用其数据进行空间定位，对所有圆筒的轴线和边缘线都进行了精确的定位。同时也利用其他立体设计软件，对收边条进行立体建模，再将

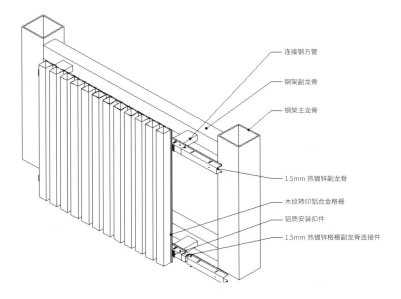

连接钢方管
钢架副龙骨
钢架主龙骨

1.5mm 热镀锌副龙骨
木纹转印铝合金格栅
铝质安装扣件
1.5mm 热镀锌格栅副龙骨连接件

格栅构造图

圆筒和圆筒交接处完成状态 1

圆筒和圆筒交接处完成状态 2

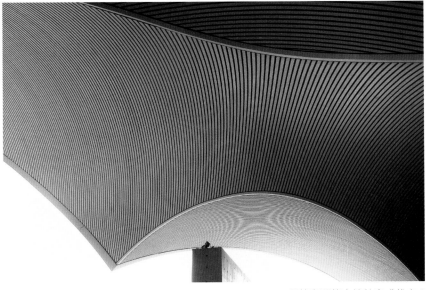

圆筒和圆筒交接处完成状态 3

南侧半室外空间

模型中的饰面板进行平面展开下料，从而实现精确成型。安装时以定位好的轴线为基准进行精确定位，以此来保证整体的精度。

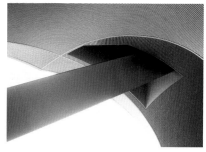

圆筒与扶梯交接处格栅收口

圆筒上的细部做法：圆筒空间中存在很多内部的关联和交接，如与扶梯洞口的交接、与室内洞口的交接、与连廊的交接、与墙地面的交接等，这些细节如何处理，如何把这些部位处理好，有很大难度，而且这些部位的成败关乎整体内装施工的品质。解决上述难点的办法还是利用 BIM 技术建模，首先是根据图纸理论尺寸建模，其次是根据现场相互关联的尺寸进行精确调整，最后才是厂家精准而细致的加工及现场精细的安装。过程中发现问题及时调整直至完美呈现。

观众厅

空间简介

观众厅是整个项目的核心，是一个集艺术性与功能性于一体的重要空间。因此，它的深化设计要紧紧围绕建筑声学、舞台设备及观众使用等功能需求进行，同时还要综合协调建筑相关设备如消防、空调等专业与室内装饰专业的整体性。在满足功能性的前提下，再尽最大可能满足装饰性和艺术性的需求。

圆筒与连廊交接处格栅收口 1

圆筒与连廊交接处格栅收口 2

圆筒与室内洞口交接处格栅收口

圆筒之间的交接处收口

技术难点、重点及
创新点分析

　　观众厅内装难度最大的是墙面，经过反复研究比对，反复制作样板，最终采用的做法及选材可以说是别具匠心、值得称道的。按照安藤大师的效果要求，观众厅的墙面要用凹凸错落的木制装饰，他想把这里打造为一个传递声音的"乐器"。因此在同时考虑设计效果、声学要求及消防要求的情况下，后期在深化设计时采用了经过特殊防火处理40mm 厚的松木集成材，将其切割成不同形状的弧形板，打磨光滑，面饰清漆，并按照设计效果要求凹凸错落地安装在墙上。这一做法，既满足了装饰性的要求，同时也最大限度地满足了声学和消防两方面要求，声学效果极佳。完工后的观众厅墙面散发出如同乐器般柔和高雅的光泽。整体声学测试后，确认为目前上海所有剧院中建声条件最好的剧院之一。

观众厅

工程难点、亮点及新型材料的应用

上海保利剧院室内精装修工程是非常特殊的工程，特殊性在于它的圆筒施工是高难度的非常规施工项，因此施工中包含了很多的创新内容。

用铝合金热转印的工艺代替天然饰面的装饰做法，可以大量节约资源，保护环境。所有圆筒门洞、异形交接收口处造型的拼接方式、木纹纹理走向等细节作了统一的设计，确保其便于加工安装，同时符合建筑形式逻辑。为确保最佳的仿木纹效果，对木纹转印饰面工艺严格控制。热转印表面粉末喷涂的涂层选用高质量产品，确保成品光泽、耐候性、耐磨性、硬度、防紫外线等性能。热转印膜由专业设计公司采用模拟法设计出逼真的纹理，贴敷在成型后格栅表面时，须确保可见面木纹的连续性。底涂颜料的稳定性、渗透性、色牢度等指标须达到或超过行业标准。真空转印机及烘烤设备须确保可靠，保证产品的一致性，避免出现色差。

根据施工实际需求设计格栅的构造做法，使格栅可以方便准确地安装在钢结构龙骨上，可实现三维的消差，同时还可以实现日后更换时的拆装。圆筒格栅构造设计稳定可靠，安装操作便捷；同时考虑可拆卸构造，保证维修更换。格栅安装龙骨系统为三维可调节结构，同时格栅与之间的穿孔铝板有可调节的重叠量，以消除建筑施工误差，满足建筑对位关系。为满足格栅安装工艺及装饰效果要求，拼接采用错缝方式。格栅拼接处采用铝型材插隼，保证拼接处圆弧平顺。实现全部的工厂化，所有部件全部在工厂加工完成后运到现场进行装配，以此来确保精确度，保证了质量的同时也提高了效率。

广泛采用 BIM 技术进行圆筒的空间定位，找出关联点辅助精确定位和放线。同时圆筒交接收口处的铝板为三维扭曲的异形铝板，这是本项目最大的难点。在这些位置，通过三维软件建模，将三维扭曲的收口铝板造型从整体模型中提取出来，然后根据设计要求进行分格；结合三维软件将铝板各个面展开从而得到实际的产品设计图纸。

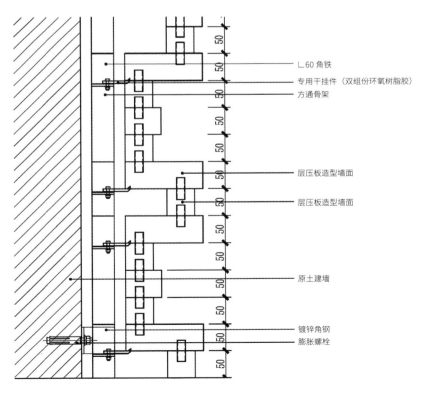

L60角铁
专用干挂件（双组份环氧树脂胶）
方通骨架
层压板造型墙面
层压板造型墙面
原土建墙
镀锌角钢
膨胀螺栓

观众厅墙面节点图

入口挑空中庭

北京保利
国际广场
精装修工程

项目地点
北京市朝阳区崔各庄乡大望京村

工程规模
建筑面积 16 万平方米

建设单位
北京保利营房地产开发有限公司

建筑方案设计单位
美国 SOM 设计公司

室内设计深化及施工单位
北京清尚建筑装饰工程有限公司

开竣工时间
2012 年 9 月至 2014 年 12 月

获奖情况
2018 年度国家优质工程奖

建筑外观及室外环境

设计特点

项目紧临机场高速，是从首都机场入京可见的第一座城市标志性建筑，业内称它为"国门第一楼"。标准达到国际一流5A级写字楼标准。建筑取意于中国传统折纸灯笼造型。外立面的斜交网柱造型在夜景照明的烘托下，如光芒闪烁的钻石灯笼，尽显尊贵、大气。项目是由3栋椭圆形塔楼组成的建筑群，其中主塔T1建筑高度153m，副塔T2、T3建筑高度分别为80m及66m。

这里主要介绍T1的情况。T1是3栋建筑中最高的一栋，也是最能代表整体设计风格和理念的一栋。它有126m高的大堂中庭，一进门就给人带来震撼的视觉冲击。室内设计风格延续整体建筑风格，现代简洁大气；材料运用非常简单，只用了石材、玻璃、金属三种材料，但细节处理考究，形式单纯而丰富；同时应用了很多新技术、新材料、新工艺，难度很大。

功能空间介绍

首层大堂

首层大堂是整个大厦的交通枢纽，从这里可以乘电梯去楼上的各个楼层，也可以经楼梯去楼下的员工餐厅，同时也是外来访客的会集地。因此，这里是整个大厦的核心地带，是设计师重点谋划的空间。从空间组织上设计师将这里设计成变化最多的地方，有垂直空间，也有水平空间。垂直空间是利用内外两层幕墙不同形态的组合而营造出的126m高的中庭，水平空间是公共活动区域及电梯区域，布局方便合理。

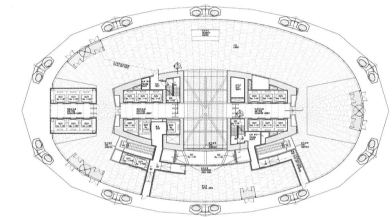

首层大堂平面

首层大堂1

首层大堂 2

设计手法和材料应用较为丰富，层次较多。核心筒外围公区整体地面采用的是进口维珍黑仿古面花岗石石材，同时铺装块料分格是按楼体椭圆形态有序布局的，在一定的规则下呈现不同尺度的变化，因此，从整体灰黑色地面上，可以看到很多细致的设计。核心筒外围墙面全部采用意大利克拉克白亚光面石材，由于核心筒整体为椭圆形，因此，墙面石材也多为椭圆弧面，同时克拉克白石材本身的山水纹效果使整个墙面呈现高贵雅致的效果；另外，墙面石材块料分格采用与地面统一的分格形式及模数，墙地分缝对应，提升了设计整体性的同时也提高了品质。

这个区域的顶棚采用的是花梨木饰面的格栅形式，木质格栅以椭圆形核心筒为起点向外向上延展。从风格上说，这样的设计会使空间的装饰形式更加富有变化、更为灵动，同时也使空间感受更为温暖。

核心筒的中央地带为核心交通区，以电梯厅为主，设计手法更为现代，中庭地面和顶面均为发光玻璃，而电梯厅墙面则采用了本项目独有的由 SOM 设计师开发的玻璃不锈钢复合材料，这种材料既有玻璃的效果又有金属的质感，视觉感受更为新颖现代。

首层大堂 3

标准层电梯厅

楼层电梯厅

该区域为每个楼层的核心区域，装饰形式和材料应用延续了首层电梯厅的处理方式，地面为卡拉卡白石材，墙面为玻璃不锈钢复合材料，顶面首层为发光玻璃顶棚，而各楼层则简化为白色石膏板并相应做了些金属线条的装饰，从建筑语汇来说形式非常统一。电梯门套及墙面分割条均为10mm厚实心不锈钢板，这样的处理方式从细节质感上提升了整体环境的品质。墙面和地面的克拉克白石材纹理拼接强调整体山水纹的效果，同时在细节上强调地面与墙面的对缝关系。这些细节都使得装饰品质得到了提升。

公共卫生间

公共卫生间是一个写字楼里非常重要的空间，它的品质对整体品质的影响很大。因此，这个项目也同样将卫生间看得很重，在设计和施工方面都花了很大的功夫。

为了提高卫生间的抗污性，同时也要实现较好的装饰效果，卫生间的墙地面材料采用以白色石粉为主要原料烧制的瓷砖。为了保证设计的整体性，分割形式采用与大堂墙面石材统一的样式，同时，为了实现完美的装饰效果，墙地面要求对缝处理。这些要求无疑对设计和施工都是非常有难度的。为实现这样的分割模式，实施时需要将 800mm×800mm 的大块瓷

标准层卫生间

标准层办公区

砖裁切成设计要求的尺寸，每条拼接缝要求有 3mm 凹缝。为了实现墙地对缝，需要精确计算每个板块的尺寸。这就会造成每个卫生间的墙地面砖的排版、切割都有很多种尺寸。为了达到设计效果，每块砖的切割尺寸误差都需控制到 0.1mm 之内，每条空缝也都精确控制到 3±0.1mm。

施工时，为了实现卫生间较好的效果及整体性，将 3m 多长的镜子做成整块，需要将镜子在幕墙封闭之前提前运输到每个楼层，并做好成品保护，待现场条件具备时再进行安装，这就给现场管理及镜子安装加大了难度。

卫生间洗手台的设计是这个项目中的一大特色。洗手台采用"桥"的方式两端固定，后部与墙体之间全部漏空，最大的好处就是卫生比较好打理，不会有存水。但是所有上下水全部要从两侧排管，给施工增加了很大的难度。台面饰面设计为白色整条人造石，跨度比较大，而且只有两端固

定，形成一个浮桥的感觉。因此做了很多次试验、计算，最终较完美地达到了设计效果。

卫生间隔间采用不锈钢定制产品，整体简洁现代，同时不会产生卫生死角，但这种产品制作难度较大。用 1.2mm 厚不锈钢薄板焊接成型，但又看不见焊缝，而且对平整度要求也很高，这些都增加了加工制作的难度。

公共办公区

公共办公区是写字楼中功能性最强的空间，设计时充分考虑了使用的舒适性，该区域在平面规划时全部安排在靠窗位置，而将走廊区设计在靠核心筒的区域。同时将顶面设备管道尽量安排在走廊区，这样使办公区的吊顶标高尽量高一些，同时在设计风格上尽量简洁大气明快。该区域的顶棚装饰采用大面积的矿棉板，由于整个楼体平面为椭圆形，因此，矿棉板

需要按照椭圆形布置进行裁切，这样给施工带来很大的难度，每一块矿棉板都需要现场裁切。

这个区域的空调系统采用的是 VAV 系统，可以分区域控制，同时风口也采用妥思的条形散流器，这些配置对提高整体舒适度有很大的帮助。

工程难点、亮点及新型材料的应用

大堂顶棚木饰面弧形格栅

方案要求大堂顶棚弧形格栅为木饰面格栅。但考虑到国家现行防火规范要求，吊顶应采用 A 类燃性能等级材料，并考虑格栅是根据核心筒的椭圆弧向外并向上扩散排列，最终确定采用铝合金型材面贴 0.3mm 厚实木木皮的方式实现，用这种方式实施弧形拉弯加工精度比较好控制，但难度非常大。因为椭圆弧形扩散排列，就

意味着每一条弧的半径都不同，也就是每一段型材加工的弧度都不同，而且要非常精确；同时，为避免透过格栅看到吊顶内的机电管线，弧形格栅上部整体做石膏板吊顶喷涂灰色乳胶漆，因此，格栅型材及安装件都需定制加工，石膏板吊顶的龙骨制作也需与格栅安装相结合。

大堂墙面石材

大堂墙面白色大理石排版采用1200mm×300mm，1200mm×600mm，1200mm×900mm 三种规格弧形石材组合排列，所有的石材墙面分格均按统一的模数关系排列；为保证整体石材墙面山水画面的石材纹理效果，采用石材大板照相排版的方式，同时尽量减少石材分格缝，因此要求石材规格相对较大，为了保证石材墙面的长期品质，避免大理石胶对白色

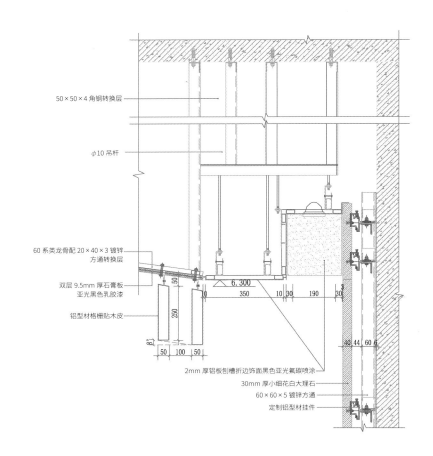

50×50×4 角钢转换层

φ10 吊杆

60 系类龙骨配 20×40×3 镀锌方通转换层

双层 9.5mm 厚石膏板亚光黑色乳胶漆

铝型材格栅贴木皮

6.300

2mm 厚铝板刨槽折边饰面黑色亚光氟碳喷涂
30mm 厚小细花白大理石
60×60×5 镀锌方通
定制铝型材挂件

大堂木纹铝格栅安装节点

大堂石材墙面

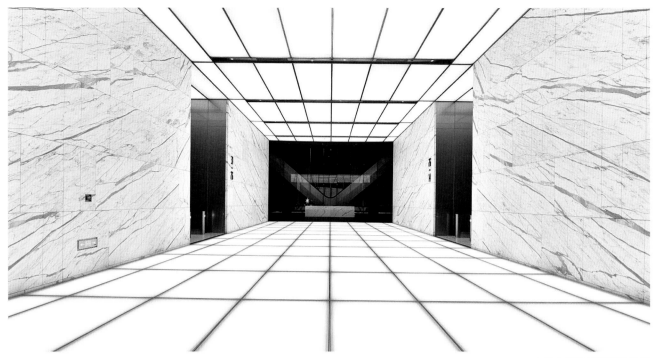

大堂中部发光顶面及地面

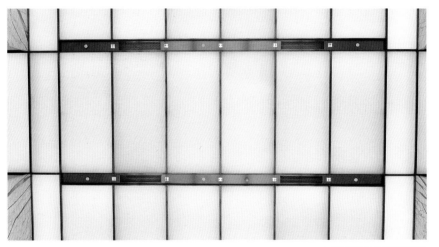

大堂中部发光顶面局部

电梯厅复合玻璃墙面

大理石造成污染，故采用背栓挂件工艺安装。

大堂中部发光顶棚及地面

为保证装饰透光效果，地面采用了满布 LED 灯具，玻璃采用 3 层 12mm 厚夹磨砂胶片超白玻璃，表面玻璃采用了凸点防滑处理。顶棚玻璃采用双层 6mm 厚夹磨砂胶片超白玻璃，顶棚同样采用满布 LED 灯具，以保证

透光均匀。由于顶棚为整体透光，喷淋、烟感、广播、风口等机电末端点位的布置就显得很重要，因此结合玻璃分格设置了不锈钢设备带，即满足规范、功能要求，又保证整体的装饰效果。

电梯厅墙面玻璃

项目的各楼层电梯厅墙面、部分大堂空间墙面采用了一种新型玻璃夹不锈钢的材料，这种材料是 SOM 公

司为本项目开发的一种材料，表面有玻璃的质感同时也有不锈钢的效果，而且不锈钢要采用进口的麻面产品，先将 1mm 厚的不锈钢精确地裁切成需要的尺寸，然后用两片 8mm 厚的玻璃将不锈钢夹在中间，用胶片进行复合。为了达到较好的观感效果，表层玻璃采用超白玻璃，为此与厂家经过多次试验与沟通，才最终实现了该材料的稳定性和尺寸精度，以此确保墙面的装饰效果。

全景

湘西自治州博物馆、非物质文化遗产展览馆设计施工一体化工程

项目地址
湖南省湘西自治州开发区武陵大道

建筑面积
37900 平方米

开竣工日期
2016 年 10 月至 2017 年 3 月

获奖情况
2019—2020 年度北京市优秀建筑装饰设计奖
2018 年度中国装饰设计奖 CBDA 银奖

整个建筑展陈空间分4层，一层为湘西非物质文化遗产展览馆，二、三层为湘西州博物馆，地下一层为临时展览馆。展陈面积为1.1万平方米。

设计特点

该项目为新建项目。整体设计风格强调民俗元素，突出湘西非物质文化遗产地域文化特色，大量运用湘西地区本土木质建筑、土坯砌筑建筑及条形石建筑等装饰元素。同时细部处理上增添了具有土家族、苗族特色的织锦、苗绣装饰纹样，充分呈现了湘西土家族、苗族的文化风情。

非遗馆序厅

空间简介

非遗馆的主入口在建筑西侧，进入展馆第一眼看到的就是象征着湘西吊脚楼的木质梁柱空间，木质梁层层叠加、错落有致，极具视觉冲击力。正前方为代表湘西非物质文化遗产的陶板壁画，壁画中有土家族茅古斯舞、苗族鼓舞等湘西少数民族的代表性非遗内容。

技术难点及创新分析

木质梁柱结构为钢骨架外包仿木质不燃板，总荷载约20t。在设计时，采用"桌子"原理，自成独立负重系统，经14根立柱分散传递到一层楼板之上，再由建筑自身结构消化20t负荷。难点就是横梁跨度大，跨度将近15m，而且横梁叠加层比较多，在施工过程中不能出现任何差错。工程完工后，效果非常震撼，充分体现了华夏木质建筑的精髓。

上釉陶板画工艺也是一种新工艺尝试。因为考虑到陶板画的自身重量，在设计制作中不能太厚，又考虑到陶板画为纯手艺制作，密度和硬度都不可控，在烧制过程中很容易变形、开裂，所以在烧制过程中对温度控制要求非常高。经过几十次实验，最后找到了烧制过程中的温度控制技术参数，将最完美的上釉陶板画呈现给参观者。

屋架安装制作工艺

梁柱加工：立柱采用80mm×80mm×6mm镀锌钢方通加工；横梁采用50mm×50mm×4mm镀锌钢方通加工；饰面板采用5mm厚仿木纹人造无机板材，燃烧性能A1级；基层板采用10mm高强GRC板，燃烧性能A1级。立柱分为7拼，每拼长度2m，在模具操作台上拼装焊接，精度不大于1mm。横梁在操作台上整体加工，按设计要求起拱，加工精度不大于1mm。

骨架制作工艺流程

钢方通校正切割：将钢方通放置在钢板胎膜上三点固定，用千斤顶校正。

非遗序厅屋架及陶版画

钢架点焊固定：此项为临时固定，按照图纸拼装，将不同规格尺寸的方通按图纸位置摆放，临时点焊，将钢梁的基本形状拼装出来，然后按图纸尺寸及拼装角度逐一校正。

模具固定：胎膜上加装固定点，固定点的刚度远远大于钢柱的刚度，以保证钢梁满焊过程中变形不超出设计的要求，直线度误差不大于1.5mm。

满焊：角焊缝焊高不小于5mm，焊缝饱满，无夹渣现象；方通45°对接的焊缝均匀饱满。

涂刷防腐油漆：焊渣用小锤敲打干净，检查焊缝外观质量，焊高不满足要求的部位，按技术要求打磨后重新补焊；合格焊缝刷涂三遍防腐油漆。

安装工艺流程

测量放线：据图纸和楼层控制网，在结构地面上标注出每根钢柱的中心位置，并将"十"线弹在地面上，标高依据1m线。

立柱埋板安装：将800mm×800mm×20mm的钢板用直径32mm、长250mm的螺栓固于结构地面，钢板与地面间的缝隙塞嵌膨胀水泥。

立柱分段安装、满焊：用2.5t的倒链将第一根2m长的立柱吊起，放到准确位置，并校正准确，三根斜撑临时固定；再将第二根立柱吊至其上方准确位置，连接部位加设加劲板并满焊。以次类推将立柱安装完成。

横梁安装：纵向横梁最下面三根与立柱直接焊接，底部第一排横梁逐一安装，第二排横梁依次安装，第三排横梁依次安装。

悬挑梁安装：底部第一排横向悬挑梁安装，第一排纵向横梁安放在第一层悬挑梁之上，连接部位满焊，并加设竖向加强筋，以此类推完成所有横梁的安装。

焊缝刷涂防腐油漆：焊缝的焊渣清理干净后，刷涂防腐油漆三遍，刷涂均匀无遗漏。

支撑点拆除：拆除顺序由上而下，先拆除顶部吊点，再拆除悬挑梁支撑点，最后拆除立柱固定支撑。钢结构自然下垂后横梁水平度应满足设计要求，立柱垂直度也应满足设计要求。

钢结构验收：验收依据为《钢结构验收规范》。

基层板安装：基层板为8mm厚高强GRC板，用自攻钉将板材固定在钢结构梁上，间距不大于300mm，沉头钉帽不露出板面。

饰面仿木纹不燃板安装：用结构胶粘贴在GRC基层板上，结构胶刮胶成"S"形；每块板的端头加设2颗沉头自攻钉，钉头用涂料处理且与饰面板颜色基本一致。

陶板浮雕壁画制作工艺

浮雕泥稿制作：将陶泥反复锤炼，制作成55cm×55cm见方的泥板，并按1～288编号；将对应编号的画面内容描绘在泥板上，进行浮雕的创作加工；制作完成的浮雕板上架作阴干处理；阴干和烧制过程中会产生损耗，所以每块浮雕泥板都制作了备份；在阴干的泥板表面施釉。

浮雕的烧制：将阴干好的浮雕泥板分批次装窑，在泥板与硼板之间加隔离粉；20～200℃缓慢加温，烧制6个小时，200℃保持4小时；200～500℃缓慢烧制4小时，保持2小时；500～800℃烧制8小时，保持3小时；800～1000℃烧制3小时，保持3小时；经过12小时缓慢降温，待浮雕泥板冷却后出窑；将烧制出的陶板进行分拣，残品统计编号后进行二次烧制；将烧制的陶板成品按照编号包装打箱、运输。

陶板浮雕的安装：干挂陶板的基层为不锈钢孔板，满铺与基础钢架龙骨焊接；将陶板按照编号用不锈钢3爪钢钩挂于不锈钢孔板上；安装完成后，整体调整每块陶板的间距；陶板壁画安装完成后表面作除尘处理。

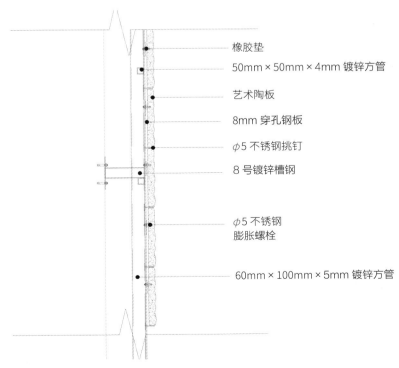

橡胶垫
50mm×50mm×4mm镀锌方管
艺术陶板
8mm穿孔钢板
φ5不锈钢挑钉
8号镀锌槽钢
φ5不锈钢膨胀螺栓
60mm×100mm×5mm镀锌方管

陶板安装节点图

中庭走廊

空间简介

一层长廊采取玻璃天窗自然采光，最高挑空达到21m，整个长廊长度近100m，中间有两条连廊连接建筑的南北楼。两侧山墙采用干挂石材，象征湘西的大山，凸出墙面的钢连廊象征镶嵌在大山峭壁上的栈道；建筑中间百米长廊地面还展示着荣获世界非遗项目吉尼斯纪录的60m"土家织锦"和"苗族苗绣"，织锦与苗绣各具特色，代表着不同民族的不同文化。考虑到参观者步行在展柜上观赏展品，对60m贯通展柜做了精细的玻璃荷载计算，一是要完美地展示60m织锦和苗绣，二是要保证文物和参观者的安全。

石材幕墙钢骨架采用镀锌10号槽钢、50mm×50mm×5mm镀锌角钢；面材采用25mm厚木纹大理石、GRC墙面板；地面采用菊花石和福鼎黑大理石；地面镶嵌60m长通体展柜。

技术难点、重点及创新点

整个石材墙面统一中求变化，采用干挂形式，大面积使用进口木纹石及菊花石天然石材。石材拼缝为开放式，其拼缝间隙5mm，误差0.5mm，整个墙面多处石材做深浅进出起伏变化，高差最大达到20mm。墙面局部镶嵌同色系定制GRC材质装饰板作为点缀，GRC板凸出墙面40mm，表面水平开槽，开槽深度20～40mm不等，从而打破视觉上的单调性，增加随机性，和谐统一中又有变化。

中庭走廊墙面

水墨山水画长卷

墙面石材干挂施工工艺

放线：依据轴线控制网及图纸放置分格线及标高线

后置埋板安装：首层地面后置埋板用 4 颗 M12×110mm 膨胀栓固定 300mm×300mm×8mm 钢埋板；结构梁部位用 4 颗 M12×110mm 化学药栓固定 300mm×300mm×8mm 钢埋板；层间砌块墙采用 M10×300mm 通丝固定 300mm×300mm×8mm 钢埋板，隔墙两侧各一块埋板。

主龙骨安装：主龙骨采用 8 号镀锌槽钢，安装顺序由下而上、从左至右，槽钢与连接点通过两根 M12×110mm 不锈钢螺栓连接，主龙骨在层间断开，通过插芯连接；层间支撑点连接的螺栓孔必须是竖向长条形。

横龙骨安装：5 号镀锌角钢按水平分割线布置，角钢紧贴竖向槽钢，满焊连接，角焊缝不小于 6mm，焊缝长度不小于 80mm，刷防锈油漆两道，银粉油漆一道。

不锈钢挂件安装：不锈钢"T"形挂件采用 304 材质，规格 50mm× 80mm×5mm，用 M8×25mm 不锈钢螺栓固定在横向角钢上。

面材安装：每块石材上下边各开两个槽口，开度 6mm，长度 100mm，槽边到板块两端的距离不小于 150mm。石材板块安装时先用云石胶临时固定，再用 AB 型环氧树脂胶固定，缝隙塞填饱满。

抛光打蜡：采用大理石专用抛光机、专用抛光溶剂对大理石表面进行抛光处理，作用是清理石材幕墙表面石粉、抛光剂，起到封口保护作用。抛光均匀，无遗漏。

守护家园

空间简介

以一条多彩的非遗画卷贯穿整个展厅，依次展示世界非遗、中国非遗、湖南非遗以及湘西州非遗文化项目和非遗人物代表的保护情况。主要设计亮点是以 80m 异形国画长卷作为展示背景烘托气氛，手工描绘湘西山与水的神韵，诠释湘西人民丰富多彩的非遗文化精华。

80m 水墨飘带基层采用钢架、100 型轻钢龙骨、9mm 阻燃板；外表绘画布，由大师现场手绘。

土家古风

空间简介

土家族专题展厅，展示土家族崇拜的人物"八部大王"及具有土家族特色的吊脚楼、凉亭桥、摆手堂等，还有代表性土家族非遗项目，如梯玛歌、摆手舞、哭嫁歌等。

技术难点、重点及创新分析

随着钢筋混凝土这一建筑语言逐渐取代曾经代表华夏建筑的木质语言，湘西的吊脚楼建筑也随之慢慢减少。为了保护它们，将具有土家族特色的吊脚楼、凉亭桥、摆手堂等建筑在展厅内 1：1 复原。既要保证复原的建筑具有土家族木质建筑的代表性，同时还要还原建筑的生活性。吊脚楼建筑是用于居住的，它不能离开人。所

凉亭桥、摆手堂

以在设计制作中，几乎所有的建筑细节处理均考虑到人的使用和人的安全。

吊脚楼复原施工工艺

　　根据设计图纸计算材料方量，购买木料；木料作防火、防腐、防蛀处理；根据图纸要求制作榫卯结构，木材打眼，地面分层、分块预拼装。现场拼装过程中定位、测量、调整、编号，现场实际按照编号组装。待木架构组装完成后，安装瓦、栏杆等配件。木结构做旧处理，施工前作防漆处理，清理干净表面。木结构裂缝、洞口用腻子嵌平，木结构用砂纸打磨干净，清理干净灰尘。将配置好的做旧材料均匀地涂刷在木结构表面（包括亚光漆、黑色精、黄纳粉、红色精、哈巴粉、黑色浆、足江粉、中黄粉、亚光剂、稀释剂、苯丙乳液、腻子粉）。做过旧的木结构用砂纸通体打磨一遍，清理干净灰尘；把做旧颜色不协调处修补至协调。木结构表面二度做旧；末道罩光根据原考察建筑的实际情况增减，作亚光处理。

吊脚楼1

吊脚楼2

苗乡原韵

空间简介

为苗族专题展厅，展示苗家人崇拜的人物蚩尤和盘瓠。"蝴蝶妈妈"是苗族神话传说《苗族古歌》里所有苗族人共同的祖先。展厅中间设计一棵上千年的枫树，树上飞满了各种样式的蝴蝶，寓意着苗族先民视枫树为图腾和对蝴蝶的崇拜。苗家人的"赶边边场""八人秋""赶秋""苗家鼓舞""银饰作坊"也是极具少数民族特色的文化。设计师通过不同的展示手法对苗族非遗文化项目进行了全面的渲染和点缀。

在设计展厅空间时，设计师们提出参与和互动性，强调空间的混合使用，将苗家鼓舞活动空间融入展厅，整个空间以"圆"为设计理念，辐射整个展示墙面。展厅以蝴蝶妈妈树为中心，四周展墙高低错落、前后叠加，展厅无形中变成一个活动平台。随着音乐响起，舞台灯闪动，苗族姑娘们不由自主地拿起鼓槌，敲起苗鼓，跳起苗家舞蹈来。展厅不单展示文物、传播文化，更多地还需要参观者的参与，将展厅的文化气氛活跃起来。

苗族织锦

银匠部场景

枫树场景

博物馆序厅

空间简介

湘西州博物馆主入口在建筑的正东侧，大门气势雄伟，登上几十步台阶进入博物馆的序厅，首先看到的是一幅巨大的锻铜壁画，围绕民族大团结的主题讲述着湘西上亿年的历史——从3亿年前的三叶虫化石到如今湘西土家族、苗族人民大团结。湘西文化是一本永远读不完的史书。

序厅大型锻铜壁画长17m，高9.6m。如此大面积的锻铜壁画在国内博物馆里是极少见的。整个设计造型理念为初升的太阳，寓意着湘西自治州朝气蓬勃、刚劲有力，大有发展前景。壁画的左下方为土家族崇拜的"八部大王"的神话传说，右下方为苗族崇拜的蚩尤和盘瓠传说，正中央圆心区为湘西土家、苗家非物质文化遗产代表性图案，壁画的上方为浮动的云彩，云彩中的图案讲述了湘西上亿年的历史，整个壁画象征着湘西两大民族紧密团结在党中央周围，共同托起湘西的大繁荣。

技术难点、重点及创新点分析

博物馆序厅墙面锻铜壁画的显著特点为面积、重量较大，壁画制作材料为薄壁铜板，线条纹路复杂，壁画与受力龙骨之间相隔石材墙面。这些特点使其需要在制作过程中控制锻铜壁画壁厚及重量、合理划分分隔缝、科学选择安装受力点，以确保安装完成后的艺术效果。在安装过程中存在定位难、易变形、安装难度大、拼接缝的表面处理难等问题。

锻铜浮雕壁画制作与安装工艺

图稿设计：依据设计要求和考察研究的结果绘制1：50设计线稿，经研讨、修改、确认后绘制1：20设计线稿。

泥塑模型制作：依据由1：20设计线稿放大成的1：1图稿，在专业雕塑车间内的雕塑泥板墙面上，由专业雕塑家创作1：1浮雕泥塑模型，期间由专业雕塑技师进行上泥、养护等工作。

石膏模型翻制：泥塑模型创作完成并经审核确认后，由专业技师使用石膏、木架等材料，分段对泥稿进行阴型石膏模具翻制，模具干燥后脱模，去除模具洼陷处残留的雕塑泥，手工对模具表面瑕疵及缺损部位进行铲除、打磨和填补。

树脂模型翻制：使用树脂、玻璃布、固化剂及催化剂等材料，依专业配比和工序，在浮雕阴型石膏模具上翻制浮雕壁画阳型树脂模型，固化后脱模，用高压水枪冲洗，并用人工铲除模型洼陷处的残存石膏，裁切模型边缘多余的材料，对模型表面瑕疵及缺损部位进行打磨和树脂填补，之后在其背部依每块的形状焊接、固定角钢龙骨。

放样拼板：在专业场地，依据由1：20设计线稿放大成的1：1大图稿，按照浮雕图案自然衔接的部位分块，将1mm厚紫铜板裁切、焊接拼合成壁画分块平板，在其上用铁笔拓下相对应的壁画线稿，高温加热使

序厅锻铜浮雕

铜板软化。

浮雕锻铜：依据运输至锻铜场地的浮雕壁画树脂模型，由锻铜专业技师使用专业錾刻工具手工制作锻铜浮雕，由壁画设计者和专业雕塑家进行艺术效果监制和调整。

锻铜后期工作：按照壁画浮雕的设计起位高度，裁切和焊接 1mm 厚紫铜板，制作壁画图案和壁画周围的立边，浮雕表面整体打磨。根据壁画各部位的起位高度，用不同规格的方钢管和角钢焊接制作壁画，背部安装龙骨，整体预拼合分块浮雕壁画，并对衔接部位的图案进行锻铜调整和龙骨调节。浮雕壁画表面酸洗去污，用硫化钠腐蚀作色后高点提亮。浮雕背面满喷清漆防锈，龙骨和焊点涂刷防锈漆。分块包装。

浮雕壁画运输和安装：将包装好的分块浮雕壁画运输至安装现场；石材墙面用 1：1 大图稿沿壁画边缘划线定位；在分块壁画的安装龙骨上垂直焊接连接角钢；在石材墙面的对应位置上开孔；利用石材墙面背后预留的安装维修通道在石材龙骨上制作锻铜壁画的受力龙骨；利用石材开孔将连接角钢穿过石材墙面；采用刚性焊接与柔性栓接（螺栓于柔性垫片）将连接角钢与受力龙骨连接；对分块浮雕壁画的衔接部位氩弧焊焊接；接缝处打磨处理，清洁表面，由专业老师根据现场视觉效果局部擦磨提亮；壁画表面满喷防锈蚀清漆；壁画与石材接缝处用硅酮耐候胶密封处理。

古韵湘西

空间简介

古韵湘西序厅主要通过景与物的展示手法阐述湘西在 3 亿年前海洋时代和侏罗纪恐龙时代的情景。从湘西地区考古发掘出来的三叶虫化石、恐龙化石、剑齿虎化石、貘骨化石、猛犸象化石等，可以了解到湘西在 3 亿年前是海洋，到了侏罗纪恐龙时代已演变为陆地，可谓大千世界，变化无穷。

古韵湘西一厅主要通过考古发掘出来的文物及情景再现、实景复原的表现手法简述湘西几千年前先民的活动，同时展示春秋战国时期的陶器、青铜器发展程度，展示里耶秦简与土司城土司文化及明清时期出现四大商贸繁荣的盛况。

永顺老司城遗址曾是土司王朝八百年统治的古都，其城依山而建，

侏罗纪时代场景

永顺衙门场景

衙门大堂场景

码头场景

不二门山体场景

溪州盟约铸铜人物场景

紧邻一条小河。因其就在河边，故鹅卵石是天然的建筑材料，整个土司城的建筑基本上都是采用鹅卵石砌筑，包括地面、路面铺装。根据考古发掘，古代人民就已经采用鹅卵石拼装装饰图案，而且图案各式各样，非常完美。展厅在设计时也采取了鹅卵石砌筑与拼装的元素，让参观者更直观地了解土司城的建筑文化。"子孙永享"翼南牌坊完全按照实物1：1复原，每一个复原件细节处理均精益求精，哪怕牌坊石材上的一个历史缺口，都要以毫米计算，形式、大小尽可能做到一致。

永顺衙署作为明清时期的衙门办公建筑，现早已拆毁，只有史记文字记载。在复原过程中，制作团队查阅了大量史记文案，参考《营造法式》，对永顺衙署的等级进行多次专家论

证，且用小型模型复原样稿进行细部推敲，力争还原永顺衙署的历史真实性。尤其是衙署前面两尊狮子，因南方石狮和北方石狮完全不一样，特别是具有少数民族特点的石狮更不能参考国家级史记文案，只能参考当地的史记记载和当地现存的明清石狮样式进行复原，这样才能更贴近地域文化和特色。

古代湘西经济主要是依靠酉水、沅江的水域交通运输发展起来的，浦市码头就是典型的湘西古代城市发展的代表。明清时期，浦市街道非常繁荣，码头日夜都很热闹，过往的船只随着船号子的声音变化，忽远忽近。在设计时，采取声光电与实景相结合、让观众直接参与的表现手法。

摩崖的浓缩表现手法是此展厅的

亮点。在有限的展厅空间里，将湘西具有代表性的摩崖山形特征浓缩在展厅里进行展示，如将"天开文运""山青海岸""不二门"等湘西著名的摩崖石刻景点在展厅里一一呈现。

溪州盟约最具历史见证意义的物件就是现存下来的溪州铜柱，溪州铜柱高4m，重2500kg；柱身为中空八面体，柱上刻有"复溪州钢柱记"，共2000多字，记载着南楚王马希范与土司彭仕愁罢兵盟誓的条约。

在复制溪州铜柱时，考虑到对文物的保护，不能直接接触文物。在复制其上的文字时，制作团队采取高清移动式扫描仪纯手动进行扫描，本着慢工出细活的方式，经过数小时的工作，基本做到扫描出来的文字和原实物保持一致。

风情湘西

空间介绍

风情湘西主要围绕湘西土家族、苗族人民的生活习俗、居住习俗、交通习俗、婚育习俗、宗教信仰等简述湘西人民的地域特色文化。

风情湘西展厅的设计理念借助了中国园林设计表现手法中的"借景"，令展厅中的景与物相融，参观者在任何一个角度观赏展品时，都能发现景中有物，物中融入了景。

牛拉磨场景

雕塑场景制作工艺流程

真实比例大小制作。制作石膏模型、翻制成小稿成品或玻璃钢；以小稿为原型，套圈放大；套圈完成后，填充雕塑泥。

塑造大泥稿；完成后，用塑料膜包住雕塑大泥稿。石膏制模采用环氧树脂，混同玻璃布裱糊于散状模具之上。打磨雕塑成品，最后做表面效果处理。做好成品保护装车运输。现场组装。

灰瓦墙

奥运公园瞭望塔外景

北京奥运公园瞭望塔精装修工程

项目地点
北京市朝阳区奥运公园内

工程规模
精装修面积 17000 平方米，造价 5500 万元

建设单位
北京世奥森林公园开发经营有限公司

设计单位
中国建筑设计研究院崔恺工作室

开竣工时间
2013 年 6 月至 2014 年 12 月

获奖情况
2015 年度北京市结构长城杯金奖、中国钢结构金奖、建筑长城杯金奖
2016—2017 年度中国建筑工程鲁班奖

塔座大堂-6m 层面空间

设计特点

北京奥运公园瞭望塔位于北京奥林匹克公园内，总建筑面积 18900 m²，檐口高度 246.8m。按照结构特点，瞭望塔自下而上分为塔座、塔身、塔冠三部分，由 5 个高低不等、错落有致的塔体组成，是整个片区的制高点，也是北京新的地标性建筑。其中 1 号塔冠为主观光厅，2 号塔冠为餐厅，3 号塔冠为展览厅，4 号塔冠为各种体育赛事转播厅，5 号塔冠为大型活动中心控制厅，这 5 个厅均可供游客参观。置身塔冠，晴天时可以清晰地看到首都四周的城市天际线和"鸟巢""水立方"等著名建筑的轮廓线，欣赏北京的壮美景色。

工程精装修部分主要的施工区域有塔座和塔冠两大部分：塔座内部空间主要以仿清水混凝土和彩磨石饰面为主要装饰材料；塔冠内部空间主要为进口雅典米黄石材饰面，墙面为质感涂料饰面。

功能空间介绍

塔座大厅

空间简介

塔座大厅位于整栋建筑的底部，将 5 个塔体融为一体。从 –6m 到正负零之间共分为 –4.8m、–3.3m、–2.2m、–1.1m 及 ±0 等 6 个层面，并将中间的 4 个层面作为敞开式临时展厅。大厅面积 6800 m²，其中 –6m 层面为 4100 m，–5.4m 至 –1.1m 之间的 5 个层面平均各为 180 m²，首层（正负零）面积为 1800 m²。整体感觉宏大，宽敞通透。大厅是进入瞭望塔后的第一个功能空间，瞭望塔大厅

的墙、地、顶面的色彩一致，给人以大气震撼的感觉。

作为大面积公共区域，大厅的地面全部为彩魔石饰面；而墙面和顶面的面层均采用仿清水混凝土涂料作为饰面材料。大厅内设立了一个残疾人坡道，由 –6m 延外墙内侧通至正负零层面。主入口在 –6m 层面西侧，东北侧为故宫金器展览厅。塔座大厅墙顶面的仿清水混凝土涂料、地面彩魔石以及贵宾接待室等都是工程的亮点。

技术难点、重点及创新点分析

项目塔座大堂的墙、顶面，以及南、北、西和贵宾出入口的墙顶面面层装饰均采用仿清水混凝土涂料。大厅内部的顶面为真正的混凝土梁、板；墙面则除了混凝土板墙之外，还有砌筑后抹灰墙体、硅钙板墙体、超大超高

塔座大堂-1.1m 层面空间

室内清水混凝土涂料墙面

以上两种情况若采用常规的施工工艺，必然会有开裂的现象发生。为避免此现象发生，经过多次现场试验，做了若干个样块，最终制定了一套针对性很强的技术方案。混凝土找平层完成厚度为 6cm，平整度控制在±3mm/2m，混凝土为 C25 商品混凝土。严格按照规范要求施工，不得有空鼓、起砂、脱层等现象，并达到验收标准。

室内清水混凝土涂料施工工艺

调整整面墙体平整和垂直度误差，同时采用两种方法来处理平整和垂直度误差。一是使用角磨机打磨凸出墙体的板材边角，但打磨的厚度不得超过 10mm，以保证原墙体的牢固和稳定性。二是采用与墙体石膏板相同的粉状材料，添加适量的水和黏合剂调成腻子状来修补凹陷部位，但修补的厚度每个遍次不超过 3mm，且增

石膏板块材墙体等。所以要根据不同的基层材料制定相应的施工方案，以达到面层的设计效果。尤其是属于室外部分的几个出入口，除了考虑面层的装饰效果以外，还要考虑北京地区的气候条件对面层效果耐久性的影响。

塔座大厅地面为彩磨石，按照设计要求，地面伸缩缝间隔都必须大于 12m（一般伸缩缝间距不超过 6m），且地面底层是铺装完成的地暖管线。

塔座内部空间（仿清水混凝土涂料）

加一层腻子即粘贴一层防裂网格布。经过反复多遍次的基层修补，才能达到整体平整度要求。最后一遍采用仿清水混凝土涂料专用腻子进行批刮，其平整度误差控制在 ±2mm/2m。

调整基面色差：基面处理完毕后，要用相关的调整材进行调色处理。要确定需要进行色差调整部位的面积，统计好工程量，以便估算所用涂料的数量，保证一次性完成涂料配色。色差修补：根据不同基面的情况，采用不同的色差调整工艺，对局部的色差调整采用点、蘸、涂、抹等方法，主要由手工操作完成。涂料涂刷：调整材先满涂两遍，不能有遗漏，颜色要均匀。调整材干燥后再整体拍花三遍，达到装饰要求的花色。调整完毕后，各个立面本身颜色要大体一致，无特别严重的色差。涂装保护：保护是涂装施工的重点和要点，对已完工的装修部位和需要防护的位置用塑料薄膜或其他防护用品进行覆盖保护，以避免沾污。采用 SKK 水性清水混凝土保护专用底漆，涂装时采用滚涂

室外墙清水混凝土涂料

方式，边角滚不到的地方采用刷涂的方式，涂刷两遍，涂装要均匀，不得漏涂。

室外仿清水混凝土涂料施工工艺

室外清水涂料项目施工区域有大厅南、北入口墙面，西入口拱形门洞

口，贵宾区室外墙、顶、柱面，共计4 个区域。

考虑到北京地区气候的特点（要经得起风吹、日晒、雨淋，以及极寒和极热温差变化），所使用的材料和采取的施工工艺必须具有很强的针对性。

该区域的基层为不规则喇叭口形状的门洞口，为混凝土结构，支模

瞭望塔西入口

板、绑扎钢筋以及浇筑混凝土的施工中预留了很多钢筋和其他铁件，且裸露在外。同时出于施工难度大等原因，该区域顶面混凝土面层有较大的高低差，有跑模、蜂窝等现象。

基层处理：剔凿局部凸出大面的混凝土，切割凸出面层的金属件，使其金属端头低于面层 3mm 以上。金属端头采用特种防锈漆涂刷三遍，以确保不会有锈渍渗透出来。基层采用附着力极强且抗裂性能极佳的抗裂水泥砂浆型号，配比进行整体找平，以确保以后不会有空鼓、脱落的现象，并保证整体视觉效果。

基层找平：采用与 SKK 配套的专用腻子批刮两遍，以使基层进一步平滑均匀，和面层颜色一致；采用 SKK 调整材实施四遍调色和拍花工艺；用 SKK 专用清水底漆涂刷两遍，用 SKK 专用清水中漆涂刷两遍，用 SKK 专用水性氟碳清水面漆涂刷四遍。

室外清水混凝土施工项目中 SKK 水性氟碳面漆的使用，是使整个清水混凝土保护工艺具有耐污性、耐候性、耐久性的关键工序，能有效地抑制墙体因紫外线及酸雨作用产生的劣化、风化及盐害现象。同时，面漆和底漆产生的吸水防止层相辅相成，可以防止内部钢筋被腐蚀，长久地保持建筑物的坚固和美观。

地面彩魔石施工工艺

混凝土基层：抗压强度大于 20N/mm²；抗拉强度大于 1.5N/mm²；含水率小于 4%（或薄膜覆盖测试法 2h 无明显变色）；基层必须平整（2m 靠尺误差小于 3mm 或根据业主要求），表面收光，清洁，密实，干燥，无油脂、裂缝、空鼓、损坏或其他污染物。

施工步骤及工期

基面处理：用研磨的方式进行基面打磨处理。对混凝土裂缝及其他缺陷进行修补，所有裂缝需切槽后用环氧材料修补并粘玻纤布，所有垫层的缩缝（切割缝）需用环氧材料修补。彩磨石地面明缝用聚氨酯材料填充，需与垫层预留的施工缝 / 分仓缝保持一致。

裂缝修补后再次对地面的平整度进行处理，采用高处打磨、低处用环氧砂浆填补的方式，以确保达到不大于 3mm/2m 平整度要求。对超大间距伸缩缝接缝处的处理及所采用的防裂措施为，混凝土垫层施工完成并达到初凝后，按照预先设定的分割图案切割 4mm、宽 40mm 深的缝隙作为伸缩缝，使伸缩缝隙由核心筒根部顺应主梁延伸至四周墙体根部，然后用环氧砂浆进行填充。

在混凝土垫层达到所要求的强度和含水率后进行打磨处理，在铺装 10mm 厚的面层之前，在对应伸缩缝处使用环氧树脂粘贴一层 300mm 宽玻纤布，然后进行面层骨料的铺装。

面层骨料铺装完成并达到一定的强度后再对应混凝土垫层留好的缝隙处切割 4mm、宽 10mm 深的缝隙，使用弹性聚氨酯进行填充，聚氨酯颜色应与地面彩磨石面层接近。为确保项目的总体工期，若混凝土养护期不足且基层的含水率超过 4%，则选用马贝配套的防潮界面剂或环氧三防，以避免因基层含水率过高导致彩磨石地面出现起鼓、开裂现象。

所有墙边、柱边粘贴 6mm 厚双面胶条作为间隔。依据设计要求的造型提前预埋 1.5mm 厚的不锈钢条，检查固定是否牢固。

磨石材料搅拌、摊铺：用金属刮刀或者刮板按照预定厚度均匀刮涂，按照设计选定的颜色及骨料配比用电子称准确计量后搅拌施工，材料配比为 Ultratop 517 自流平：2～4mm 骨料：水 ≈ 5：3：1，搅拌采用专用搅拌枪手工搅拌或小型搅拌罐搅拌的方式，搅拌好后随即摊铺于处理好的基面上，摊铺平整、均匀即可。以预埋好的 12mm 高边框条来控制施工厚度。

塔座内部空间

地面彩魔石材质饰面

打磨：48 小时后可用金刚石磨片进行干式打磨，打磨至基面平整、骨料外露均匀为准，然后用 50 号、150 号、300 号树脂磨片逐级打磨。用马贝 Ultratop Stucco 对表面进行密封批刮 1～2 道。之后用 300～1000 号磨片逐级进行细磨、抛光。用专用石材防护蜡进行抛光打蜡。

贵宾室顶棚

塔座贵宾区

贵宾区包含贵宾前室、贵宾通道、贵宾接待室、贵宾会议室等。在贵宾接待室和贵宾会议室内均设有卫生间，在贵宾通道两侧还设有两套卫生间、设备间等。

贵宾前室及贵宾通道的墙、地面均采用米白洞石为装饰面层，顶面为纸面石膏板造型吊顶，白色乳胶漆饰

贵宾区石材墙地面

贵宾室内部空间

面；贵宾接待室的墙顶面采用整体式 GRG 牡丹花花瓣造型，顶面中央部位是订制五环造型水晶灯，高低错落，仿佛是牡丹花的花蕊。地面为订制纯毛地毯。

塔冠

一号塔塔冠的精装修是以 228m 的层面为起点，这个层面设有一号塔电梯厅、一套公共卫生间，以及管井间和设备间等。主要空间包含由 228m 电梯厅延核心筒呈螺旋状楼梯至 238.5m 的室内观光平台，再通过中央

旋转楼梯至 246.8m 的室外观景平台。

地面全部采用进口雅典米黄石材饰面，墙面为质感涂料饰面，顶面安装白色铝方通，呈放射性组装，美观大气。

二号塔塔冠的精装修是以 222m 层面开始为起点，该层面还设有室内餐厅、电梯厅、配电间等。通过室内旋转楼梯可以到达 228m 层面的二号塔室外观景平台。

其中二号塔塔冠餐厅顶面为仿木纹铝方通造型吊顶，地面为雅典米黄石材，餐厅吧台处墙面为镜面不锈钢饰面。

2 号塔 222m 餐厅吊顶

一号塔塔冠

全景

"长江文明馆"布展深化设计施工一体化工程

项目地点
武汉市东西湖区园博园(张公堤)

工程规模
展馆面积 31000 平方米(其中序厅和人文厅展陈面积 5000 平方米),工程造价 5000 万元

建设单位
武汉园林绿化建设发展有限公司

建筑设计
德国生态建筑设计师赫尔佐德

开竣工时间
2015 年 2 月至 2015 年 9 月

获奖情况
第十四届(2016 年度)全国博物馆十大陈列展览精品推介精品奖
2016 年度(第一届)湖北省博物馆六大陈列展览精品推介精品奖
2015 年第六届筑巢奖
第十一届中国国际室内设计双年展银奖
第三届中国建筑装饰设计艺术作品展中国建筑装饰设计金奖

设计特点

该馆首次以世界第三大河、中国第一大河"长江"为展示主题和对象，体现了五大特点。

大视角是从全球视角，以北纬30度上与长江同纬度的大河文明为切入点。长江的展示覆盖全流域，从自然和人文角度进行讲解。

大思路是组织长江全流域涉及的各类资源标本（标本征集）；组织长江全流域自上游至下游相关历史文化遗存（文物组织）；立足国家战略，以长江经济带建设为契机展望长江未来。

大空间是少有的建筑空间条件，展区结构跨度达25m，展区空间标高达10m，自然区展陈完成空间高度达6～6.5m。

大手笔是序厅设计以《万里长江图》为蓝本，按照长江上、中、下游景观连续安排设置3组总长度达66m的大型艺术浮雕，概括表现长江流域的自然绝景与文明奇观。展区在有限

的展示空间内，单独开辟空间，设置长48m、宽18m的长江全流域实景沙盘，沙盘配合多媒体效果叠加呈现，成为自然展区最大亮点展项。自然区用50m左右的展线串联设置从上游至下游、由高原到湿地，覆盖全流域地区的生态景观，生动地反映长江丰富的生态资源。

大平台是长江文明馆在强调科学性、知识性的同时，注重趣味性与体验性，力求将文化、科技与产业有机融合，成为城市形象的新标志（新名片）、长江研究的新基地、文化产业的新品牌。

功能空间介绍

主展线及空间

空间简介

展线及空间设计，是博物馆展览陈列形式设计的重要环节，要顾及建

筑、环境和平面等诸多方面，要遵循合理有序、主次分明、科学人性的原则。主展线是以图片、文字、展品、景观为主要构成的内容展示系统，不同于一般意义上的版面装饰，是上升到艺术创作高度的整体谋略。

展览以长江流域为陈列范围，不拘泥于一城一地，不以时间为竖轴，采取科学分类的方法整合空间跨度与时间纵深，以长江本体为核心，展现最全面、最生动、最鲜活的长江风貌。

"自然篇·走进长江"为展览的开始。长江源一滴晶莹的水珠从雪山冰川中融化滴落，展开了对长江形成演进的介绍。这一场景，能够使人联想到大河的奔腾不息，将观展带入以开阔的"自然河谷"形态模拟而成的"自然篇"陈列主空间。

"河谷"式的空间以长江本体展示，再现长江流域典型的三级阶梯地形地貌。周边展线模拟长江两岸的自然形态，形成高低错叠的观展平台、通路，联系南北两岸的展示内容。

展厅

展厅一单元空间

高低错叠的观展平台

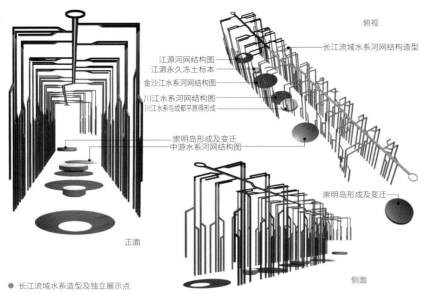

江源河网结构图
江源永久冻土标本
金沙江水系河网结构图
川江水系河网结构图
川江水系与成都平原得形成

长江流域水系河网结构造型

俯视

崇明岛形成及变迁
中游水系河网结构图

崇明岛形成及变迁

正面

侧面

● 长江流域水系造型及独立展示点

"走进长江"厅长江流域水系造型展示支架

"河谷"式空间两侧的展区，将长江本体内容分为几个单元，自上游至下游，分别展示长江的水系、资源、风景、水利、交通、生态、城市，是对中心全流域本体模型展示的细化和补充。形象的图表、典型的数据、珍贵的标本、生动的造景，无不从更加立体与全面的视角勾勒长江本体的造化钟灵。

贯穿通篇的"长江自然小课堂"普及延伸展览内容，建立虚拟生态实验室，给参观者科普长江典型生态系统环境灾害等知识，提升生态保护观念，阐述社会发展前沿问题，唤起参观者"善待长江 合理开发"的意识。

长江每一条干支流交汇处都有一座名城出现，展区末端正是以江水般的曲线，影射长江沿线快速发展的城市及城市群，以及城市本身与长江的共生关系、历史渊源。城市与人、人与自然总是在不经意间相互影响。以长江城市展示作为衔接，"人文篇·感知文明"的长江人文之旅由此开始。

展区隐以"上善若水"为理念蓝本，提炼"文明漩涡"这一空间概念，呼应自然篇"自然河谷"概念。

规划了文明之源、生活之道、精神之魂、融合之美、未来之思五大空间板块。入口处一幕波澜壮阔的史诗画景映入眼帘，文明溯源的画景之中，作为生命之源的水元素冲刷着古朴的岩石。自上而下的人类演化阶梯，隐喻着古人类从高山到平原的漫长演化历程。先民们或钻木取火，或打制石器，或抱膝静坐，或仰望星空。

展区中，"文明漩涡"舒展开来，一个个关联大江的文明故事有序且鲜活地呈现，犹如长江之水，如诗如歌奔流不息。它们纳千川，汇百河，一路欢歌，一路求索，一路成长，引领观众在溯源、求知、明道、展望的宏大乐章中，领悟藏滇文化、巴蜀文化、荆楚文化、吴越文化等长江流域之精粹，感知陶器、石器、骨器、青铜、玉器、瓷器等古物之厚重以及衣食、文艺、建筑、教育、科技等文明之风流。

从混沌初开、行云流水，至傲立潮头，形成交融和回归之势。点与线的布局相合，汇成文明的孕育、融合、展望三簇"漩涡"，用独特的空间形式语言诠释人与自然的和谐共生。

长江自然小课堂

"人文篇·感知文明"展区

感知文明展区

结尾站在时代的顶端，以长江经济带的建设为契机，重新展望长江和世界大河文明，展现流域文明的经久不衰，清晰地勾勒出长江文明的脉络。

展厅地面主要采用了规格为1000×1000×3的橡胶地板；展厅中间的沙盘看台分2.5m和4m两级标高，中间有多个通道与各单元展区相连接，在看台上即可有很好的视角欣赏中间的沙盘，也和周边的各单元展区形成了很多高低错落的趣味空间。

技术难点、重点及创新点分析

"河谷"式的空间承载长江本体展示，全国首创的超大型长江全流域本体彩色模型，再现长江流域典型的三级阶梯地形地貌，上游、中游、下游干流支流水文水系，沿途的名山大川重要节点，等等。结合数字媒体灯光秀的概念叠加，更为生动地展现长江从冰川融水到沿途的雨水汇集、支流涌入，再到入海口的奔腾浩荡之势。

长江流域沙盘制作工艺

底盘制作要求：根据等比例缩放的长江流域地图制作长江流域的三级阶梯钢架基层，每阶阶梯高差500mm；基层采用60×60×4镀锌角钢，双方向间距600mm焊接成网格；在网格钢架上铺装5mm厚花纹钢板，并从底部将钢板与钢架焊接起来，所有焊接部位均须刷防锈漆两遍。

基层制作：现场制作塑形水泥砂浆，塑形水泥砂浆的主要成分有：快硬硫铝酸盐水泥、普通硅酸盐水泥，耐碱玻璃纤维网格布，丙烯酸脂共聚乳液，沙子、外加剂（如塑化剂、缓聚剂、早强剂等）。根据等比例缩放的长江流域地图在钢板上先粗略塑造山川地貌，重点的城

085

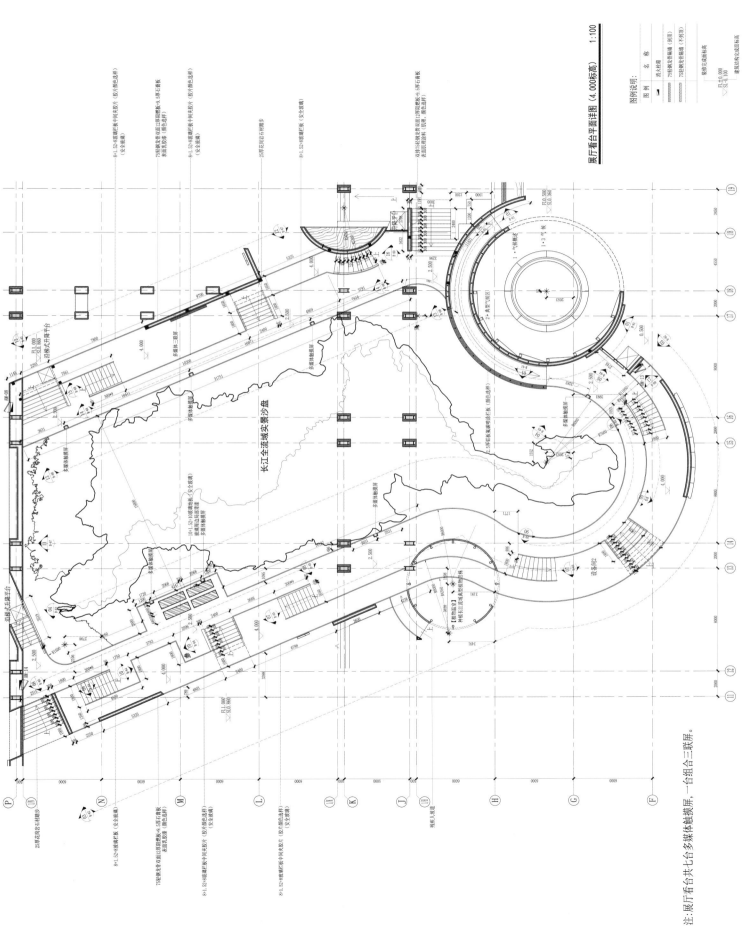

展厅看台平面详图（4.000标高）　1:100

图例说明：

图 例	名 称
▬	消火栓箱
▨	75轻钢龙骨隔墙（到顶）
▨	75轻钢龙骨隔墙（不到顶）

装修完成面标高
▽±0.000
▽SL-0.100

建筑结构完成面标高

25厚花岗岩石材踏步

8+1.52+8玻璃栏板（安全玻璃）

75轻钢龙骨双面12厚阻燃板+9.5厚石膏板
表面乳胶漆（颜色选样）

8+1.52+8玻璃栏板中间夹胶片（胶片颜色选样）
（安全玻璃）

8+1.52+8玻璃栏板中间夹胶片（胶片颜色选样）
（安全玻璃）

8+1.52+8玻璃栏板（安全玻璃）

双拼75长钢龙骨双面12厚阻燃板+9.5厚石膏板
表面肌理涂料（机理、颜色选样）

注：展厅看台共七台多媒体轴模屏，一组合三联屏。

长江全流域实景沙盘

沙盘的构造图纸

市、名山大川相对位置、比例尺寸一定要与地图吻合；对粗略的山川地貌再做精微调整。

表面修饰：在已调整好的基层上对沙盘整体上色，反映出长江流域上游的高原雪山、中部的绿色山脉、入海口的蓝色河流与海洋等。

灯光布置：依据等比例缩放的长江流域地图在沙盘上布置代表长江流域的河流、公路、铁路、城市等等不同颜色的 LED 灯；沙盘清理干净后开始安装多媒体投影机、染色灯等设备；对整体的多媒体及灯光等进行调试。

概而言之，长江文明馆"走进长江·感知文明"之旅，就是本着以人为本的理念，以体现长江流域发展和文明足迹为核心，"览万里长江，阅五千年文明"。为认识长江、热爱长江、建设长江、保护长江开辟一个新的文化阵地。

多媒体展示现场

长江全流域多媒体实景沙盘

全流域本体模型展示

全景

福建省上杭县毛泽东才溪乡调查纪念馆改版提升工程

项目地点
福建省龙岩市上杭县北部才溪镇

工程规模
建筑面积 6550 平方米，展陈面积约
3800 平方米，工程造价约 3100 万元

建设单位
福建省上杭县毛泽东才溪乡调查纪念馆

开竣工时间
2013 年 8 月至 2014 年 11 月

外景全景

项目是毛泽东才溪乡调查纪念馆的改版提升工程。纪念馆共两层，一层设有总序厅和毛泽东才溪乡调查纪念馆，二层设有才溪"九军十八师"陈列展和英烈事迹陈列展。该馆是宣传毛泽东在才溪乡重要革命实践活动，体现毛泽东才溪乡调查精神，阐述中国共产党红色基因形成的专题纪念馆。自2014年开馆以来，广受社会各界好评，先后被确定为"全国爱国主义教育示范基地"，全国红色旅游经典景区和全国红色旅游三十条精品线路之一，井冈山干部学院、公务员培训基地和省市县各级党校的现场教学点，并接待了习近平、张德江、贾庆林、贺国强、曾庆红、王兆国、尤权等中央、省部级领导。

设计特点

本项目是旧馆的改版提升工程，此次设计结合了国际先进博物馆的设计理念，从改进陈列方式、创新展示手段、丰富展示内容等方面入手，综合运用装置艺术、写真浮雕、半景画、场景布置、多媒体互动等多种形式和"声、光、电"等科技手段，解决了基本陈列内容陈旧、展示手段落后的问题，实现"见物、见景、见思想、又见精神"，改版后的纪念馆具有了鲜明的时代感和前瞻性。

主展线及空间的设计是纪念馆展览陈列形式设计中的重要环节。一方面要顾及建筑、环境和平面等诸多因素，另一方面要遵循合理有序、主次分明、科学人性的设计原则。主展线是由图片、文字、展品、景观为主要构成的内容展示系统，不同于一般意义上的版面装饰，是上升到艺术创作高度的整体谋略。经过改造提升后的主展线，主题鲜明、色调和谐、形式多样、富有韵味。

空间介绍

序厅

空间简介

序厅设计在纪念馆设计中起到"画龙点睛"的作用，是纪念馆展陈的第一个环节。优秀的序厅空间设计，是纪念馆展览教育的思想性与信息传播的艺术性高度融合的结晶。主题鲜明、特点突出、形式和内容统一的意境氛围引导观众、感染观众，给观众留下难以忘怀的第一印象。

毛泽东才溪乡调查是中国共产党人走群众路线、深入实际、一心为民、清正廉洁、敢创第一的光辉典范。它对我国新时期加强党的作风建设、永葆党的先进性、开展以"为民务实清

廉"为主要内容的群众路线教育实践活动具有重要意义。序厅顶部的设计，借助天空及灯光的烘托，充分表现"旭日东升"的艺术效果。大厅中央的"才溪乡调查"著作雕塑和"全苏区第一个光荣的模范"的纪念碑雕塑，共同撑起了光芒四射的五角星，这种设计手法既巧妙隐藏了两根硕大的建筑承重柱，又增强了视觉冲击力，极大地丰富了序厅的设计内涵，充满了无限的张力，体现着永恒特质。

墙面浮雕表现"才溪精神"的主题。"民主建设的模范""经济建设的模范""妇女工作的模范""扩红支前的模范""文化教育的模范"和"干部优良作风的模范"等六个模范铸成了党政建设的坚实基础。墙面浮雕通过写实的表现语言高度颂扬了才溪人民"干革命走在前头，搞建设力争上游"的模范精神。

吊顶基层用材为镀锌方钢管、镀锌角钢、轻钢主副龙骨、防潮纸面石膏板；饰面用材为钢质冲孔（微孔）表面红色氟碳金属漆立体五角星、铝合金方通型材表面静电粉末喷涂、柔性喷绘张拉软膜、5mm厚透光石和亚克力板、LED灯管；艺术墙面基层用材为均镀锌槽钢、角钢、方钢管；墙面饰面用材为弧形仿砂岩高浮雕材质；前言、纪念碑雕塑用材为天然砂岩石材；著作雕塑用材为仿石材艺术

涂料；半环条形金属写意麦穗和定制金属五角星装饰风口材质为金属表面用静电粉末喷涂；为便于检修，写意天空上部制作安装了钢制马道。

顶棚造型安装工艺

测量放线：按照设计图纸进行现场定位放线，确定整个顶棚图中漫射灯、消防喷淋、空调风口、检修口等位置，确保避开主副龙骨、饰面造型龙骨等。

转换层安装：吊装吊杆长度超出规范要求，实际采用型钢骨架转换加强，用轻钢龙骨与石膏板制作出顶棚造型控制箱体轮廓。因序厅顶棚造型跨幅大、高度高（顶棚底面距离地面7m），所以基层骨架造型与原结构顶板、墙面连接要牢固严密，与建筑主体的连接点位置要准确。转换层具体制作方法为吊杆间距@1200mm×1200mm，与建筑顶棚 固定连接，横杆间距@1200mm×1200mm，与吊杆焊接固定。

铝合金造型安装：采用80mm×100mm×1mm 铝型材截制而成，现场制作内环麦穗和外环五角星放射光芒造型，此铝型材既作为装饰线条，又作为上铺透光石、亚克力灯片固定支撑骨架。根据设计造型需要，确定铝型材安装的接口位置和铝型材定位，具体工序为：确定标高控制线→确定吊杆定位→吊杆固定→主、次龙骨安装→铝型材安装。

外环天空效果：采用张拉软膜结构装饰，按光芒单元分格，分别张拉

序厅墙面浮雕

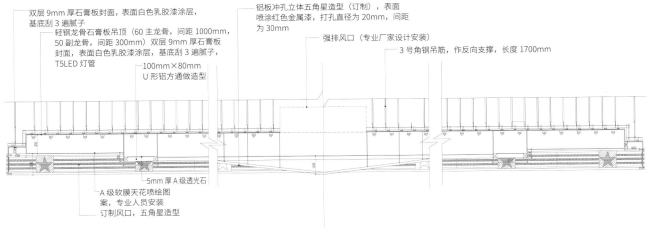

双层9mm 厚石膏板封面，表面白色乳胶漆涂层，基底刮3 遍腻子

轻钢龙骨石膏板吊顶（60 主龙骨，间距1000mm，50 副龙骨，间距300mm）双层9mm 厚石膏板封面，表面白色乳胶漆涂层，基底刮3 遍腻子，T5LED 灯管

100mm×80mm U 形铝方通做造型

5mm 厚A 级透光石

A 级软膜天花喷绘图案，专业人员安装

订制风口，五角星造型

铝板冲孔立体五角星造型（订制），表面喷涂红色金属漆，打孔直径为20mm，间距为30mm

强排风口（专业厂家设计安装）

3 号角钢吊筋，作反向支撑，长度1700mm

序厅顶棚剖面图

半环形金属写意麦穗

和拼接，与内环麦穗轮廓造型形成叠级立体效果，根据光芒造型的线型长短，在 80mm×100mm×1mm 铝型材上固定装配黄光灯（色温 5000K，LED 灯管），形成光芒的效果，根据光芒的设计位置将该铝型材固定在转换层上，再以此铝型材为支撑骨架安装喷绘张拉膜。

立体五角星吊装安装：与放射光芒的铝合金型材紧密相接固定，通过透光石片上部光源的漫反射光，完成整体顶棚施工。

墙面弧形仿砂岩高浮雕、半环形金属写意麦穗和定制金属五角星装饰风口安装工艺

定位放线：按照设计图纸的要求放线确定浮雕的立面位置，依据放线结果制作墙面预埋钢板后制作竖向钢骨架和横向钢骨架，竖向钢骨

架间距为 1000mm，横向钢骨架间距如序厅浮雕剖面图，按照钢骨架的位置拼接高浮雕。浮雕上端墙面半环形金属写意麦穗为工厂定制成品。现场安装方法为：根据空调风口所在的位置计算五角星的均布位置，确保空调出风顺畅，上方与石膏板吊顶基层连接，下方与高浮雕钢骨架连接。

骨架安装：采用型钢焊接骨架，横向间距 1000mm，做好型钢骨架后置埋件的安装后，将钢骨架固定在后置埋件上，连接强度、牢固性及稳定性满足设计要求后，再进行仿砂岩高浮雕安装。

浮雕安装：仿砂岩高浮雕整体面积较大，在工厂翻模成型后，分块切割，运至现场，等待安装，分割尺寸一般为 2000mm×1500mm 左右，并编号包装，每一块浮雕都设计有用于与墙面连接的钢制骨架，现场根据排

列顺序，由下至上、由左至右依次与墙面钢骨架焊接连接，焊接连接后的平整度、垂直度、分割块之间的缝隙与墙面的间距均满足设计要求、感官效果和质量要求。

修缝涂色：全部安装完成后，对浮雕整体表面进行修缝涂色，一般使用结构胶填实缝隙，待胶体干燥凝固后，根据雕塑画面的流畅性，对干燥后的胶体进行现场微雕，使雕塑画面更加细腻、自然。接下来对微雕画面进行细砂打磨，用调色板调色，便填缝面层真石漆颜色与原雕塑面层颜色一致。

与顶棚衔接：在高浮雕上部与顶棚之间 500mm 的位置，安装麦穗和五角星封口，使其与顶棚和高浮雕墙面自然过渡，同时又兼作空调侧向送风口使用，实现了装饰效果与使用功能的有机结合。

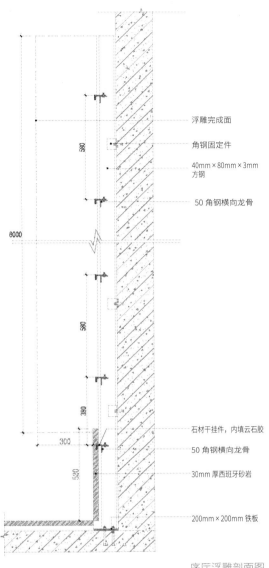

序厅浮雕剖面图

浮雕完成面
角钢固定件
40mm×80mm×3mm 方钢
50 角钢横向龙骨

石材干挂件，内填云石胶
50 角钢横向龙骨
30mm 厚西班牙砂岩
200mm×200mm 铁板

展厅前言石材文字

毛泽东坐像雕塑

石材文字喷砂雕刻工艺

基本原理：喷砂雕刻是利用高压空气带动金刚砂等磨料高速撞击石材的表面，从而达到雕刻的效果。

工艺特点：石材的表面硬度越高、越光滑，雕刻轮廓越清晰。砂岩是质地松软性石材，表面粗糙不平、质地松散，如果以常规的金刚砂粒喷射，高速喷射的金刚砂遇到砂岩颗粒较大时，会造成文字边缘不整齐，所以要采用小颗粒的金刚砂，通过加大喷砂速度，解决文字边缘不整齐的问题。

工艺过程

准备：由于喷砂工序扬尘严重，特制作了可移动的喷砂工作间，工人在里面进行喷砂作业，防止沙尘外扬，污染环境。

放线：根据文字排版的位置，用红外线确定刻字喷砂膜的准确位置。

黏膜：在喷砂前，将刻字喷砂膜贴在砂岩石材上，将喷砂膜镂空文字的外轮廓边缘压紧按实，使喷砂膜与砂岩石材紧密粘合。

雕刻：使用 7.5kW、1.0MPa 的高压活塞式空压机、连接管、喷砂枪等现场制作喷砂装置。金刚砂通过管道和喷枪喷出，高速喷射到砂岩石材上。

填色：经过高速喷砂的刻字喷砂膜有部分脱落现象，与石材表面粘接不牢，为了填色时不造成石材的污染，在文字填色前用吹风机加热，使胶膜软化，恢复粘结力后用毛巾再次压实刻字喷砂膜，使刻字喷砂膜边缘牢固粘贴在石材上。最后手工描绘文字内容。

注意事项

喷砂膜定位要准确，允许水平误差和垂直误差，间距误差要控制在 1/1000 以内。无论是喷砂雕刻时还是填色时，喷砂膜都要粘贴牢固。喷枪垂直于石材表面，喷枪距离墙面20cm左右，手动速度均匀，气流速度稳定。填色时，漆料不能太稀，干燥速度要快，操作环境温度5℃以上。

突破创新

通常此类作业都是在工厂进行，通过封闭机器雕刻小型的雕刻物。本次突破在于制作了一个可移动喷砂工作间，将工厂作业变为现场作业，完全避免了工厂雕刻字体被切割的弊端。

第一展区空间及展线：毛泽东才溪乡调查的历史背景

空间简介

本纪念馆注重历史文化与艺术创作的结合，达到形式与内容的完美统一，在有限的空间内，合理规划人流动线，使展线更长。通过富有时代感、艺术感和律动感的多层壁式展墙，配合历史文物展品联合展示的方法，表现毛泽东才溪乡调查的历史背景和重要决议。这些不同色块、富有变化的版面和诠释"极简主义"理念的展墙，在吸引观众注意力的同时，又达到了信息传达的最佳效果。

技术难点、重点及创新点分析

灯光效果的把控是展厅的技术难点。在设置灯光时不仅要考虑到整个展厅的环境光，更要注意场景的营造光和展柜中文物的展示光。灯光选择既要符合博物馆的照明要求，还要对展示物进行补充和渲染。展厅中的结构造型、辅助展品陈列、展品陈列都是照明的对象。为了突出展品特有的形状、色彩和质感等，展示照明应注意以下几点：

光源的显色性应考虑在除去红外线和紫外线后，将物体的自然色彩真实地再现出来，应选用光色和显色性接近于日光的人工光源。从参观者视觉舒适度上而言，展厅照明不能影响展柜内文物的展示效果，展厅的灯光不能亮过展柜的展示光。把展柜内的背景、顶板以及柜内展品的座架等的表面反射率限制在对陈列品有利的程度，可减少对视觉的干扰。为了避免室内表面的相互反射和有损展品的显色性，室内灯光色彩要使用淡色或无色。对主光源的照射方向和光照强度等作适当调整，可克服不良阴影的影响，防止光源反射的镜像进入参观者的眼中。实验证明，当陈列面与主光源光线的夹角在200°以下时，展品表面会产生阴影。

为避免柜内的光源发出的直射光直接投射到观众的眼中，要注意照明灯具的配置及遮光板的设置，适当调整光源和展品的相互关系，以防直接眩光。展柜照明要以对文物无损为前

第一展区图1

第一展区图 2

灯轨使用上具有很大的优势，具有高质量的聚光、散光的控光功能，可以在一定的范围内营造出需要的灯照效果，且光色均匀、柔和。

灯具安装过程中首先要确定光束角度和照明度，再确定焦距。如果是调焦灯具，可先确定调焦范围。关于灯具的固定安装，要以隐蔽安装为首选，如果不能隐蔽安装，也应求整齐美观，在满足照明效果的前提下应尽量疏密有序。

提，在保证光照效果的同时，需要给书画、丝织品等对温度十分敏感的文物以特殊的照明设置。

展厅空间灯光安装工艺

展厅基础照明采用柔光的漫反射型大面积发光灯具（三级色、4000K、T5 灯）。展墙采用先进的嵌入式洗墙灯，均匀照亮墙面。特殊国画或雕塑，采用固定暗藏嵌入式导轨加可移动式射灯配合一定的特效附件相结合的照明方式。所有灯具采用现代化先进设备，选用滤红、滤紫的低压卤钨灯泡或低紫外线辐射、高显色性的荧光管。这些灯具产品，在灯具质量、灯光调控、

"星星之火，可以燎原" 场景

空间简介

运用火炬造型装置表现"星星之火，可以燎原"，这一伟大思想犹如火炬一样点亮了中国革命的灯塔，指明了前进的方向。展厅顶部的点点星光、火炬雕塑和土红色的展墙遥相呼应，象征着才溪这片红色沃土孕育了

"星星之火，可以燎原"场景

中国革命的火种。吊顶用材为吊筋、龙骨、索扣、顶部喷绘张拉膜。

技术难点、重点及创新点分析

首先，顶部的喷绘张拉膜图案色彩饱和度和热熔拼缝链接为第一关键节点；其次，是吊顶安装的水平度、造型的准确度以及张拉力度。吊顶基层平面尺寸需统一规划、合理分块、准确分格。吊顶安装时必须纵横拉线与弹线。

喷绘张拉膜吊顶施工工艺

测量放线：根据设计要求，在地面上放线，用远红外反射到顶部空间，确定张拉膜的准确位置。

吊杆安装：按照标高要求制作吊杆，并根据吊点位置安装固定吊杆。$\phi 8$ 金属吊杆用膨胀螺栓与结构顶板连接，双向吊杆中距 900mm。

灯光照明：T5 LED 灯管，间距 40cm，沿着圆形空间均匀排布。为了避免顶部跑光，在张拉膜上部加装石膏板封板，并在石膏板内表面均匀涂抹白色乳胶漆。

龙骨安装：吊杆完成后，按照喷绘张拉膜的直径要求，用 100 mm 的轻钢竖龙骨弯制成圆形骨架，此圆形骨架用螺丝和卡件固定在吊杆上。圆形骨架外，使用红色乳胶漆饰面的石膏板，然后将 H 型扁码钉穿过此石膏板固定在圆形骨架上。

张拉膜安装工艺

在预留空间造型基础上，按照设计图纸界定软膜尺寸，在加工车间按照尺寸加工膜块；按照排版要求，确定图案的尺寸，选择幅宽 3.2m 乳白色张拉膜喷绘图案，并通过热熔焊接拼

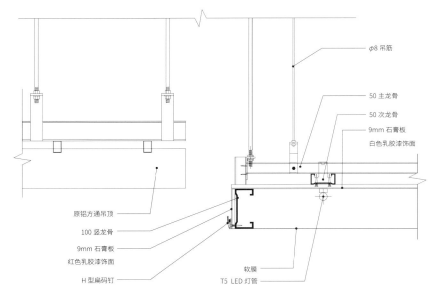

张拉膜安装节点图

喷绘张拉膜吊顶

接成图案所要求的尺寸，周边用高频焊接边扣条；施工现场在预留空间边缘设定专用的龙骨骨架；用专用加热工具把膜块舒展均匀后，按对边顺序安装，再用加热工具进行均匀加热舒展膜块，裁切修边；用专用开孔器材开孔，安装灯具等面材设备；边扣条是半硬质、挤压成形的，采用聚氯乙烯材料，它被专用扁铲插在顶棚软膜的四周边缘，以张紧软膜扣在龙骨骨架上。

火炬装置施工工艺

测量放线：根据设计要求，在地面上测量放线，确定骨架平面位置。

基层骨架制作：根据放线结果和设计要求制作平面轮廓骨架尺寸和立面轮廓骨架尺寸，将 40mm×40mm×4mm 的镀锌方管用膨胀螺栓固定，按照标准间距组成方管骨架。

基层安装：用 9mm 阻燃板基层铺设，按照竖向弧形进行铺设，长边接缝应落在竖向龙骨上。阻燃板应采用自攻螺钉固定，周边螺钉的间距不大于 200mm，中间部分螺钉的间距不大于 300mm，螺钉与板边缘的距离为 10 ～ 16mm。另外阻燃板安装时，从板的中部开始向四周固定，将钉头埋入板内。

火炬装置

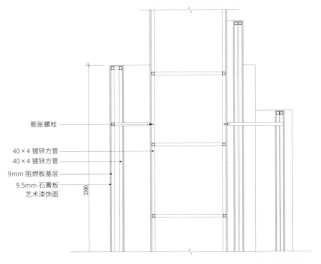

火炬装置剖面图 1

膨胀螺栓

40×4 镀锌方管
40×4 镀锌方管
9mm 阻燃板基层
9.5mm 石膏板
艺术漆饰面

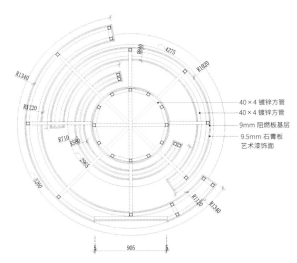

40×4 镀锌方管
40×4 镀锌方管
9mm 阻燃板基层
9.5mm 石膏板
艺术漆饰面

火炬装置剖面图 2

彩绸安装：象征火焰的红色绸缎沿基层阻燃板内沿固定，高度 1m 左右，在风机出风口上方随风飘动，形成火焰燃烧的效果。

顶部效果灯光：在地面上安装暖光 15W、光照角度 45°的射灯，光晕照射范围控制在五角星所在的范围。

风机安装：选择低风压、低风量、静音、变频风机，电机功率为 0.12kW，风机风量约为 1000m³/h，在地面上固定风机基座，牢固安装机体。

面层安装：采用纸面石膏板饰面，安装时应覆盖原有的基层阻燃板接缝，同时石膏板应错缝安装固定，钉头埋入板内，钉眼用石膏腻子抹平。

饰面涂料：在石膏板上"星星之火，可以燎原"的艺术字的范围内先

"十八乡合作社"场景

用深红色涂料饰面，再粘贴"星星之火，可以燎原"字模，面层喷刷浅红色艺术漆，漆面应均匀，待干燥后喷刷第二遍和第三遍，最后将字模撕下。

艺术效果灯光：火炬的正面用一组红色投影灯照射柱身，用一盏黄色的成像灯照射艺术字，使光与火焰光遥相呼应。

"十八乡合作社"场景复原

空间简介

为巩固苏维埃政权，使翻身农民过上好日子，中央苏区的第一个消费合作社——才溪区消费合作社（十八乡合作社的前身）创办，让群众获得了生产生活上的好处，赢得了人民群众对共产党的热爱。在复原的"十八乡合作社"的场景中，运用特殊的土，制作出福建特有的老墙效果，真实再现那一历史时期的才溪。装饰基本材料为木结构、仿旧土墙、硅胶人像等。

技术难点、重点及创新点分析

场景制作应准确反映主题内容，符合当时的时代背景和历史的真实性，在追求艺术效果的同时，更要注重功能结构的牢固性和规范性。制作过程往往会因为室内空间高度的限制，按照比例缩小制作，在制作过程中应严格执行同比例的尺寸，尤其是涉及古建筑结构的仿旧制作，一定不能改变建筑构件尺寸的协调关系。另外在场景制作时，可以采用代用材料，但不能改变整体的感官效果。再者，场景制作应尽量减少复杂工艺，达到做旧如旧。

人物雕塑制作要保证人物造型自然，符合人体解剖学原理；人物要比例适中，根据场景需要确定大小比例；人物的服饰要符合其所处的历史时期。

场景仿旧木结构施工工艺

选择干燥陈旧的木料，最好是拆旧木料，木料在制作加工时，表面不要进行抛光，要留存木材表面陈旧和腐烂的痕迹。

根据设计要求的尺寸制作房屋木结构和木家具、道具等。

喷阻燃剂，作防火处理，达到国家规定的防火等级标准。喷防腐剂、防虫剂，防止木料腐烂和虫蛀。

用丙烯颜料或色精等调制适宜的颜色，涂刷在木质结构面层上。在涂刷前，可以在局部位置上作拉毛、裂痕、折断等破旧效果。

完成涂刷后，在做旧表面上用清漆制作防潮膜，防止木料继续腐烂和脱色。

仿旧土墙施工工艺

墙体抹灰：在墙面轻钢龙骨基层骨架上安装硅钙板，悬挂6目铁丝网，在铁丝网上用麻丝的轻体水泥砂浆抹灰，抹灰厚度为1cm左右。要求水泥基面牢固、结实、不起壳，杜绝砂浆起壳现象；表面不起砂，硬度好，没有水泥粉化现象；水泥基面平坦，无凹凸不平、蜂窝麻面、水泥疙瘩；表面干燥，含水量小于6，保持地面干燥无油污。

土墙面层：将黄土、石灰粉和801建筑胶水混合后，涂抹在水泥砂浆上。黄土的主要作用是体现土墙的质地和颗粒感。在土墙未干燥之前，将黄土粉扬撒在土墙上，增强土质效果。

着色：为了增强感官效果，局部着色，如雨淋、青苔等痕迹。最后清漆涂刷进行固色。

硅胶人像施工工艺

艺术创作：在制作硅胶人像之前，先按照设计需求进行人物形体创作，如表情、神态、动态、肢体语言等。先创作雕塑小稿，再把小稿放大成实际需求尺寸的大稿。

翻模制作：将外露的头部、颈部、手臂等以硅胶高分子材料翻制，硅胶人像的其他部位翻制成石膏雕塑。

化装：将硅胶人头部按照人体的肤色作特效化妆处理，同时进行毛发植入和修剪。硅胶人像的毛发、眉毛、胡须等都使用真人头发。使用钩针，按照人类头发毛囊疏密的分布特点，进行毛发植入。植发完毕后，按照人像设计，对头发、眉毛、胡须等毛发进行修剪。

组装：将分别完成的硅胶人像的头部、颈部、手臂、身体等在工厂进行调整组装，按照设计要求进行配饰、着装等。

仿旧土墙

仿旧木结构

硅胶人像

第二展区图

艺术装置《才溪乡调查》九千字文稿

第二展区空间及展线：毛泽东才溪乡调查的过程与成果

空间简介

第二展区展示了毛泽东才溪乡调查的过程与成果。为了挽救中国革命，毛泽东长途跋涉到才溪作深入的社会调查，了解才溪乡怎样把落后的农村建设成先进的革命根据地。他总结了才溪人民在进行组织建设、经济建设、文化教育、扩大红军、优待红军家属等方面的诸多经验，写下了《才溪乡调查》这部光辉著作。《才溪乡调查》是毛泽东群众路线思想的重要理论基础，也是马克思主义中国化的一个成功实践。该部分是整个展览的重点。

艺术装置《才溪乡调查》九千字文稿

空间简介

毛泽东在才溪乡的调查取得了丰硕的成果。纪念馆利用18m长的展面清晰呈现了约九千字的《才溪乡调查》全文。层叠错落的展墙及顶部一张张放大文稿，既突出了硕果累累的主题，又体现出个性化的陈列设计，达到了形式与内容的高度统一。基本材料为方钢、阻燃板、5厘多层板、涂料等。

技术难点、重点及创新点分析

"九千字文稿雕刻"的关键在于隐藏接缝。由于版面尺寸过大，使用任何市售材料都会有拼接接缝。如何既隐藏拼接接缝，又满足雕刻机作业幅面要求和饰面工艺要求，是本展项的难点。

书模制作安装施工工艺

基层龙骨安装：根据设计要求用20mm×40mm镀锌方钢管分层焊接制作钢骨架，使造型叠级牢固。方钢管间距400mm，此钢骨架焊接组装后，用膨胀螺栓固定在墙体的混凝土梁柱上。

基层板安装：将9厘多层防火等级B1级的阻燃板，按照10cm的间距，用沉头自攻钉沿着骨架固定

在方钢管上，竖向铺设，长边接缝要落在竖向龙骨上，阻燃板无缝对接满铺。

面层雕刻板安装：将排好版的文字横向雕刻在密度板上，将雕刻板上下两块对接，用结构胶粘接在基层阻燃板上，然后批刮原子灰，将接缝处理密实不开裂，以调色乳胶漆涂刷饰面。注意在此过程中，配制乳胶漆时不能过稀，要横向滚涂，尽量避免乳胶漆流入阴刻文字的下边缘。

雕刻字手工描色：先用刃器清理阴刻文字中残留的乳胶漆，选择小号笔刷进行手工丙烯涂色。

"母亲送子、妻送郎当红军"——列宁台场景

空间简介

"列宁台"是才溪人民动员和欢送子弟当红军的场所。通过场景再现地处偏僻山区的通贤障云村客家山寨妻子送郎、父母送子当红军的画面，将观众带入当年才溪乡扩红支前的感人情境之中。基本材料为硅胶人像、背景画、轻型水泥等。

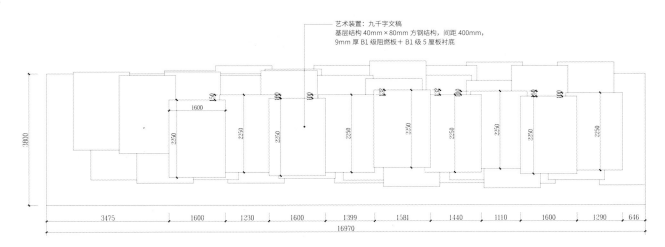

艺术装置：九千字文稿
基层结构 40mm×80mm 方钢结构，间距 400mm，
9mm 厚 B1 级阻燃板 + B1 级 5 厘板衬底

艺术装置：九千字文稿

"母亲送子、妻送郎当红军" ——列宁台场景

技术难点、重点及创新点分析

背景画是局部空间内容表现、烘托环境气氛的大型平面展示手段，其设计内容要契合该环境的展示内容，需对空间整体设计完成后才能对其进行区块深入设计。

绘制墙面背景画时，为了更真实地反映人文历史、自然风光，通过采风、临摹、意境组合等多重手段，精彩呈现史诗般的画面，配合人物雕塑的肢体语言，将艺术效果推向高潮。

墙面背景画施工工艺

按照方案的效果图，对这个场景进行手绘，同时进行比对和确认，手绘图确认后，在场景区域进行放线，标注场景复原的位置和尺寸。手绘墙画主要分为以下几个步骤：

根据图案大致的形状贴上胶纸，确保位置准确。

在胶纸上用铅笔打稿，用深色的马克笔描线，沿着这条线将图形刻出。

在墙面上铺满报纸，以使图案外的墙体不被颜料污染。

为了使颜料漆出来的效果更好，要先在图案上上一层白色的底漆。

在图案部位喷涂或刷涂颜色，逐渐绘出整幅画。

墙面背景画

第三展区图

地面塑型工艺

光滑地面应作打毛处理，深度5～10mm，间距30mm，并冲洗残留的砂浆、污渍、油漆浮土等。

有异形坡度地面的位置：按异形地面的高低，先用角铁和钢筋焊接主龙骨并予以固定，龙骨间距250～300mm。

在铺设好的龙骨上用铁丝拧接6目铁丝网，并做出地面高低起伏的基本形状。

铁丝网上铺设被石膏水泥浸透的玻璃丝布，并与铁丝网连接牢固。

根据已经做好的地面塑形基础，在玻璃丝布面均匀浇注含麻丝的轻体水泥砂浆。局部用苯板填充，其余均匀浇注水泥砂浆。

在地面铺设基础上，可铺置青石板、附着黄土、种植仿真植被、着色等，做出符合景观标准的地面塑形。

第三展区空间与展线：毛泽东才溪乡调查的重大意义和深远影响

第三展区展示了毛泽东才溪乡调查的重大意义和深远影响。毛泽东《才溪乡调查》不仅对新时期党的先进性、纯洁性和党风建设具有重要的历史意义，而且对以"为民务实清廉"为主要内容的党的群众路线教育实践活动具有重要的现实指导意义。

才溪"九军十八师"陈列展厅和才溪英烈事迹陈列展厅

才溪乡是久负盛名的"将军之乡"。"九军十八师"陈列展厅和才溪英烈事迹陈列，以回忆录的形式，通过新颖的图文展板配合文物展柜的展示形式，展出了才溪"九军十八师"

和英烈们在革命战争中金戈铁马、叱咤风云的光辉历程，整体展示空间严肃又不失活泼。

"九军十八师"副展线铜板雕刻

空间简介

该铜板雕刻整体画面采用较为写实的象征革命之火、燎原之势的火焰轮廓作为内容的氛围装饰，采用剪影的表现手法，通过截取才溪优秀儿女踊跃投身土地革命斗争、长征途中斩关夺隘、为民族的独立奔赴抗日战场痛击侵略者、为人民的解放斗争浴血奋战等历史画面，再现才溪儿女为中国革命的胜利和新中国的建立作出的巨大贡献。铜板雕刻以开国将军的群体雕像为结尾画面，彰显了才溪"九军十八师"的辉煌，诠释了才溪乡作

二层展厅图

"九军十八师"副展线铜板雕刻

为"将军之乡"的实至名归。基本材料为铜板、阻燃板、轻钢龙骨、结构胶等。

技术难点、重点及创新点分析

铜板雕刻是使用雕刻机直接在铜板上进行雕刻的一种雕刻手段，集绘画、雕塑、金属加工于一体，是介于圆雕和绘画之间的艺术表现形式。铜板雕刻画的主要特点是在艺术家创作的画面的基础上，配合铜板雕刻技艺，运用线条在铜板上雕刻出凹凸起伏的主题形象。完成后的整体画面立体生动，透射出特殊的年代感与历史的厚重感。

铜板雕刻安装施工工艺

基层龙骨安装：根据设计要求用75mm 轻钢龙骨制作钢骨架，竖龙骨间距 400mm，其余按照轻钢龙骨隔墙国家标准制作。

基层板安装：将双层 12cm 防火等级 B1 级的阻燃板，按照 10cm 的间距，用沉头自攻钉沿着骨架固定在钢骨架上，竖向铺设，长边接缝要落在竖向龙骨上，阻燃板无缝对接，上下双层错缝满铺。

雕刻艺术创作：在铜板雕刻前，先进行艺术创作，绘制创作稿，创作稿的文件格式要可供雕刻机使用，将3mm 厚铜板按照设计要求切割成不同的单元规格，在雕刻机上雕刻后，分层擦色，等待安装。

铜板雕刻局部

雕刻板安装：在阻燃基层板上，用中性结构胶将雕刻板点式粘接在基层板表面，点间距 5～10cm，粘接后板面距背墙完成面9mm。粘接后，用胶带纸、下部支撑板等临时固定24h，撕去胶带纸，侧面 9mm 进深面用原子灰找平打磨后，以调色漆饰面，色漆颜色尽量接近铜板基色。完成上述步骤后即安装完毕。

桂林博物馆全景

桂林博物馆"桂林记忆——桂林历史文化陈列""画里人家——桂林民俗文化陈列"设计施工一体化工程

项目地点
广西壮族自治区桂林市临桂区平桂西路一院两馆内

工程规模
展陈面积 3200 平方米，工程造价约 1900 万元

建设单位
桂林博物馆

开竣工时间
2016 年 6 月至 2016 年 9 月

桂林博物馆自1963年开始筹建，1988年11月广西壮族自治区成立30周年之际落成并陈列开放，馆名由郭沫若先生题写。桂林博物馆新馆位于临桂新区平桂西路，于2010年2月正式开工建设，2014年3月竣工，2016年12月开馆试运行。

新馆总建筑面积为3.4万平方米，是展示桂林历史文化的综合性博物馆。展厅面积约1.2万平方米，共有9个展厅，推出四个基本陈列和两个专题展览。同时建有1400m²的未成年人教育互动中心。桂林博物馆新馆现已成为展示桂林历史文化的窗口，为桂林国际旅游胜地建设增光添彩。

设计特点

桂林，地处八桂之北、五岭之南。"江作青罗带，山如碧玉簪"，桂林自古就以优美的自然风光名闻天下，是世界著名的风景游览城市和历史文化名城。

"漓水春秋——桂林历史文化陈列"，按照历史的时间脉络，多手段、多角度地表现桂林史前文化、瓯越文化、水利文化、佛教文化、科举文化、抗战文化的厚重、深沉、悲壮……

"画里人家——桂林民俗文化陈列"，重点根据民俗厅原建筑特点，结合展陈大纲的内容，对空间、动线作出合理布局。有效发挥14m空间的高度优势，强化视觉张力，同时通过理论及技术方面的探索及创新，结合多媒体、灯光等技术手段，以形式设计引导视觉和空间的转换，同时引导陈列内容的转换，呈现桂林地域景观风貌，呈现多民族不同的建筑形式，表现桂林多元文化融合的特色，展开一幅天人合一的秀美画卷。

空间介绍

"桂林记忆——桂林历史文化陈列"序厅

空间简介

独特的山水风貌促进着桂林的历史发展进程并完善着山水文化，"山水"与"历史"相辅相成，故以"山水见证历史，历史隐藏于山水背后"作为历史陈列整馆的设计理念。

设计形式：桂林历史陈列展览的主题为"桂林记忆"，它不仅包含了桂林人的乡愁记忆，也蕴藏着异乡人对桂林的印象。唐朝诗人韩愈的"江作青罗带，山如碧玉簪"的诗句，最能表现人们脑海中"桂林山水甲天下"的印象。除了山水美景，桂林也有独特而丰厚的历史文化，3万年前就有

历史厅序厅

手绘稿1——甑皮岩人

手绘稿2——开凿灵渠

手绘稿3——解放军进桂林

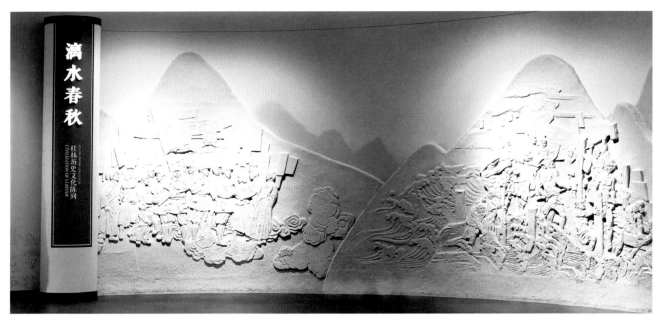

历史厅序厅

先人在这片土地上繁衍生息，唯有脑海中的记忆和对未知的想象可以涵盖时空的无限大、山水的无限美。

技术难点、重点及创新点分析

序厅中心位置的背景墙是一幅展开的历史长卷，从长卷的右侧揭开桂林的历史尘封，余留的轮廓形成桂林山水剪影，映衬出象征桂林山水的摩崖石刻。石刻主题为桂林历史长河中的关键情节，如"史前甑皮岩人生产生活场景""秦灵渠开凿""抗日时期的西南剧展"等内容。其他故事情节同时隐约显现，完整衬托历史脉络，给人以无限遐想。

在序厅顶部，以柔性灯膜结合桂林市花——桂花造型，半切于弧形背景墙之上，仿佛历史的天空正慢慢褪去，凸显岁月轮转。

主要材料："桂林记忆"主题浮雕材质为玻璃钢仿砂岩，背景山水底纹的材质为宣绒布 UV 喷绘，顶部天空材质为柔性灯膜 UV 喷绘。

主题浮雕的制作工艺

泥稿制作：确认创作稿后，雕塑家在工厂按现场空间平面搭建同比尺寸的弧形框架，使泥稿同现场的墙体弧度一致，确保成品安装的精准。

翻制模具：第一个步骤是石膏翻模，在泥塑表面涂一层隔离剂，根据画面的整体比例、工艺要求和运输条件等，确定浮雕翻模的分割位置，尽量避开画面细节，在分隔位置插上树脂插片。将石膏浆调制成糊状后，先稀后稠分四五层浇到泥塑上，第一层较稀，主要是为了防止起泡，同时使细节完整；第二层较稠；第三层加入棕榈、麻丝等纤维状材料，增加韧性和强度；第四层、第五层以 4cm×4cm 木方作撑架，起到防止开裂、辅助脱模的作用，石膏总厚度在 5～10cm 左右。第二个步骤是起膜、脱模。待 2～3h 石膏完全干透后，在模具和泥稿之间浇水，使泥稿和石膏自然分离。脱离后用清水将石膏膜内的泥土残留清洗干净，自然晾干。

玻璃钢模型制作

首先在石膏膜具内均匀细致地涂刷 2～3 遍脱模剂，以便成型产品顺利脱模；待脱模剂完全干燥后，涂刷 0.5～0.8mm 胶衣层，以保护玻璃钢；然后调配树脂胶液，将树脂液和固化剂快速搅拌均匀，并排出内部起泡；将胶液刷到膜具上，接着铺一张玻璃纤维布，使胶液浸透纤维并排除气泡后，再重复以上动作 5 次左右。约 48h 玻璃钢基本固化定型。完成脱模后，在玻璃钢模型背后焊接随型钢制加固架。

现场安装：玻璃钢壁雕模型运抵现场后，经过打磨、细部刻画、着色处理后，以脚码挂件拼装于龙骨墙体上。最后由雕塑家对拼接细节进行融合处理。

历史厅

空间简介

历史厅采用主、辅双展线设计。位于展览动线左边的是主展线，以

历史厅空间实景 1

历史厅空间实景 2

历史厅展柜 1

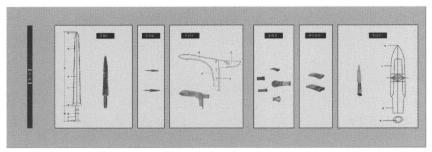

历史厅展柜 2

型。以场景、多媒体、互动等多种动态演示手段表现桂林各个时期的重要事件。

主展线起伏展墙的硬朗线条、辅展线灵动的山体造型与各中心区域穿插的独立展柜相互映衬，保持展厅的通透性和节奏张力。

技术难点、重点及创新点分析

桂林历史底蕴深厚，仅历史厅展出的文物就有千余件。为了保证文物陈列的舒展性、丰富文物陈列层次、增强文物的可看性，在文物陈列设计过程中，深挖每件展品的文化内涵，将文物背后的延展信息与文物展示相结合，并通过轻质金属、亚克力等材料以及隐形展架等工艺，展示于展柜背板之上。

陶杯陈列的设计及布展过程

根据展示图文内容、展品的尺寸及重量，设计立面展示效果图。展示效果通过后，根据制作工艺分别绘制版面喷绘图和文物展架加工图纸，而后分别派发到专业厂家加工定制。

定制加工的材料运抵现场后，由专业木工师傅根据安装图纸现场组装，整个组装过程要求在干燥清

叙事为主，它是一条时间线，按照历史发展的时间进程，通过文字叙述、图片、文物佐证等形式，全面而系统性地向观众介绍桂林自史前至近现代各个时期的历史文化。位于展览动线右边的是辅展线，为重点亮点展示线，以"桂林山水"的设计理念，模拟一段喀斯特地貌层岩山体造型，在空间上与主展线相对应。

用山体代表大自然，将山体作为桂林历史的见证者，在每一段与主展线相对应的位置，展示各时期的重点内容，这些重点内容将以多媒体、场景等多种展览形式来表现。

主展线墙面材质以灰色硅藻泥为主，奠定展厅古朴的色彩基调。辅展线模拟"山水"的灵、秀，以曲线模拟江水流淌的痕迹，形成墙体平面造

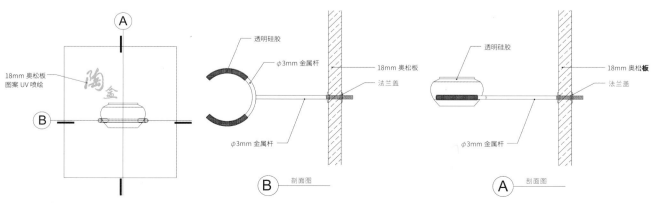

历史厅展拖加工图

洁的环境中进行。木工师傅首先要固定支架与立面挂板,然后将立面挂板以4个点位的脚码固定于展柜背板之上。

最后一步是将文物固定到展架之上,这项工作将由博物馆文保部门完成,因为一般来说,在博物馆的布展工作中,涉及触碰文物的工作都是由专业的文保部门来完成。文保单位首先要检测文物展柜是否符合展出文物对环境的要求,确定符合后,将文物布置于设计位置,并以透明高强度丝线加以固定,关闭展柜。

场景、艺术品、多媒体设计

博物馆的布展项目分为三类,第一类项目为基础装饰部分,指场馆基础功能所需的水、暖、电各专业的协调与安装,含功能性吊顶、地面和墙体隔断,及对后续工程装修的工艺预埋。第二类项目为核心展陈的装修,

即展示主要内容的设施,含展线的展墙、展柜、展台及图文展板。第三类项目为重点展示,含场景、雕塑、绘画、多媒体等以艺术创作手段表现展览的重点内容、重要文物,是展厅的点睛之笔。由于第三类项目综合性强、技术含量高,需集中进行设计。

史前桂林展区"甑皮岩人"场景

空间简介

桂林是南方早期文明重要的发祥地。截至2014年,桂林已确认的史前遗址有117处,其中大部分为洞穴遗址。在史前桂林展区的起始位置,以甑皮岩人作为参考对象,还原桂林史前人类穴居生活的场景。如何在有限的空间内确保场景真实、准确、生动,主要情节表现具有特殊性和感染力,是场景设计考虑的重点。基本做

法为油画布画家现场绘画、玻璃钢雕塑、仿真场景还原。

技术难点、重点及创新点分析

综合了调研、策划和设计一系列工作后,将场景设计为三个空间层次。远景定义时间、空间,以油画描绘原始人在远古桂林的山山水水中穿梭,进行种稻、渔猎的情景。中景定义事件情境,以实景塑形还原"人"字洞穴、植被树木。近景定义核心情节,通过人物雕塑表现甑皮岩人制陶、打制石器、屈肢蹲葬等内容。整个场景统一在古老的棕色调里,呈现了一幅三维立体远古风情画。

场景的创作过程与施工工艺

确定场景内容、空间位置及尺寸。根据对专家口述历史的记录,结合实地考察以及对考古、地质等资料的查

甑皮岩人生活遗址

甑皮岩人样貌分析

史前桂林场景——人物创作稿

阅分析，对场景进行整体创作，并以彩色手稿的形式呈现。几经专家会议讨论确认场景创作彩色小样。根据制作工艺的不同，将深化设计和制作工作拆分为背景画、雕塑、实景塑形等几个部分。

背景画的施工过程。先以轻钢龙骨做基层，根据龙骨弧度竖向铺设石膏板，刮腻子、乳胶漆各三遍，刷基模、海吉布、乳胶漆，艺术家现场绘画。

场景塑形施工

根据创作小稿，用 5cm×5cm 角铁间距 30cm 焊接大致框架，框架与地面连接处采用钢板膨胀螺栓预埋。

用 6mm 钢筋塑制作骨架并与角钢框架焊接牢固；在框架及钢筋骨架表面涂刷 2～3 遍防锈漆；以四目钢丝网塑造表面造型，接着用按 1：3 调制好的水泥进行仿真质感的表面塑造；由画师将调配好的丙烯颜料喷涂

史前桂林场景局部

到水泥塑形表面。在塑形表面钻小孔"种植"仿真景观植被。最后请画师对整体效果进行统一调整。

古代桂林展区"摩崖造像"多媒体场景

空间简介

唐代佛教文化传入中原，桂林水陆交通发达，是佛教经由海路传入中原的必经之地。隋唐时期展区的辅展线，重点表现了随宗教文化的兴盛而形成的唐代桂林独特艺术形态——摩崖造像。基本材料为玻璃钢塑形、多媒体设备。

技术难点、重点及创新点分析

塑形墙面上，通过山体实景塑形与科技的融合，分组再现唐代桂林伏波山、遛马山等摩崖造像的历史风貌。

摩崖造像多媒体场景中多媒体部分的实施过程

多媒体方案设计，首先是影片脚本的创作和确认，以及多媒体实现形式的确认，并根据场地尺寸及设备型号绘制施工图。投影设备的点位设置，需注意投影仪投射的方向尽量不要与观众参观动线相对，避免炫光。

根据影片脚本要求，进行实景影片和照片拍摄、后期图片处理、多媒体界面设计以及影片制作，最后形成视频。

根据多媒体施工图，预先布置强弱电线路、安装硬件设备。安装完成后输出视频，现场调整投影机位置和镜头焦距，使投影投在预先位置。

"画里人家——桂林民俗文化陈列"

空间简介

桂林地处湘桂走廊南口，地貌丰富多变，自古就是众多少数民族聚居

摩崖造像

民俗厅序厅

之地。桂林由各个民族共同携手创造，今天才能呈现给世人独具特色、丰富多彩的城市面貌和精神文化。

"画里人家——桂林民俗文化陈列"位于博物馆三层，展陈面积 1720m²，其中 800m² 为层高 14m 的展陈空间，920m² 为层高 5m 的展陈空间。

根据陈列大纲的内容特质和逻辑关系，结合建筑空间的实际尺度，第一部分"和谐家园"、第二部分"市井画卷"，采用沉浸式体验的方式，通过场景还原的形式表现桂林不同地域不同民族的生产生活习俗及商贸活动；第三部分"斑斓彩衣"展示馆藏的大量民族服饰和银饰，以展柜陈列为主要展示手段。

设计方案需在"和谐家园"展区按照实际尺寸搭建"干栏式建筑""汉族民居"和"红帆船"三种不同地域的民居建筑。由于展览空间有限（长 25m，宽 25m，高 14m），如何在现有的空间尺度中，保证三种建筑形态共存内容情节的合理性，进而达到展陈空间的可看性和视觉形式，这给设计工作提出了很大挑战。

技术难点、重点及创新点分析

首先，经过对地域风貌实地采风，将"画里人家""和谐家园"确定为高空间设计的指导思想。

在平面布局设计中，散点式构图的平面设计手法和相互借景的空间设计手法，结合展览内容的逻辑关系及桂林地貌真实分布情况，按照平原、山区、水上的顺序，将三种地貌的建筑特色、生活习俗围绕展厅中心展开，以此借喻桂林多个民族的团结与融合，以及他们千百年来共享山水美景、共建和谐家园的美好景象。

对于汉族建筑群的建筑复原，经过与专家组讨论，结合对展厅空间尺寸以及设计效果的综合论证，最终采用局部还原的方式，围绕"天井"这一桂林汉族民居建筑空间组织的核心部位，等比还原了天井、堂屋、一侧厢房等生活空间，深入刻画了大门、马头墙等独具特色的建筑结构。

为了增加空间的立体感和层次感，使干栏式建筑的山区环境区别于汉族平地建筑，大胆地将高空间 1/2 的地面做缓坡顺势抬高，真实地展现了少数民族依山而居的特点；同时抬高的地面高度又为右侧水上红帆船塑造了停泊靠岸的效果。这样的构思使

民俗厅和谐家园展区

三种不同环境中的建筑体各自在情理之中，又相互映衬、错落有致，在现实空间中大融合。

在正对展厅入口的墙面上，一幅顶天立地的风景油画，将观众带入广阔的自然环境中，从视觉上无限延伸了展厅的空间纵深。

干栏式建筑的搭建工艺

在桂林生活的瑶、壮、侗、苗等民族多依山而居，在长期的生活实践中，逐渐形成了依山川走势建造适宜本地区气候环境的建筑形式。方案以龙胜龙脊壮族干栏房屋为原型，聘请桂林龙胜老木匠师傅参与建筑搭建，真实再现桂北建筑独特的营造手法和空间组合。

干栏式建筑以木料和石块为主要建筑材料。第一步是以石块筑台，考虑到建筑楼板的承重问题，以钢结构代替传统石块搭建筑台，仅在最外层砌筑石块。第二步是搭建圆木建筑架构。干栏式建筑为穿斗式架构，先以混凝土浇灌柱基，然后立主柱、撑横梁、搭建穿枋檐柱、以板壁封墙、上青瓦屋面。建筑材料由粗而细、由重而轻，将屋面重量通过主柱传达至基础，保持立柱的稳定。

干栏式建筑细节图

龙脊梯田施工图

顶天立地的接景画的实施工艺

龙脊梯田喷绘画总长 24m，总高 14m。

基层安装，铺贴处为长 24m、高 14m 的空间，在完成搭脚手架的基础工作后，开始立轻钢龙骨墙面，背板为轻钢龙骨加石膏板，用专用基膜胶水滚刷墙面两遍，目的是防止在安装喷绘画的过程中揭开时把基层腻子带起。

按照喷绘分块施工图稿，用红外线设备间距 3m 打出 7 条垂直分隔线。

安装时 4 位油工每人负责 3.5m 垂直区域，按照从左往右的顺序，同时安装。

安装完毕后，对喷绘画表面进行除尘清理，并做好成品保护。

施工注意事项：第一，喷绘时每块喷绘画两侧边缘处预留 5cm 重复余量，便于安装时拼装和调整图案；第二，注意铺贴时需要佩戴干净的薄白手套；第三，拼装的对接缝处要求精细，接缝处及时用干净毛巾擦净胶水，不得有余胶粘在上面。

照明工程施工工艺

本展厅照明设计的重点是，真实营造自然界中的光环境，有效区分场景、建筑、背景喷绘、图文展板、家具陈设、实物农具等多种展陈层次关系。

环境照明。运用 4000k 网格化排布的泛光灯确定整体环境的基本亮度及色彩倾向；等间距排布的洗墙灯将巨幅梯田喷绘景片平缓均匀地打亮，利用反射等因素还原天地自然真实的颜色，形成开阔的空间效果。

重点照明。首先确定重点照明的预期效果，结合灯具性质及施工技术确定实施方案，目的是利用重点照明突出重点展项，确保重要展品的表现力，丰富展示层次。

场景建筑的照明设计。以干栏式

红帆船场景

建筑为例，通过提升建筑体表面的亮度，形成与周边环境亮度的对比，将建筑体从背景灰色墙面中衬托出来。投射灯设置在建筑结构转折线上方45°的位置，通过桁架固定。以明、暗光影交界线勾勒建筑的形态轮廓，增强立体感及表面质感。

图文展板的照明设计。采用博物馆专业灯光对垂直展面上布置的图文展板进行照明。根据展厅建筑层高、信息展面的高度，结合对光照阴影和反射炫光的综合分析，确定灯具安置最佳点位为距离展板上方30°角的位置。并通过悬挑钢制灯架的设计，解决了射灯轨道的安置问题。

家具陈设、农具等文物展品的照明设计。首要考虑的是安全性，选择博物馆专业灯具，对光照亮度、色温、照射距离及照射时间综合把控，避免光照损害展品的材料、颜色、质地等。对于大体量的古法造纸工具，采用多束光线配合照射的方法。通过背景光源、主光源和辅助光源相结合的方式，丰富照明层次。

装饰照明，也称场景照明，主要是为了调节和渲染空间气氛。

红帆船场景

水上人家展区，聘请了平乐红帆船传承人在展厅现场打造了一艘红帆船。造船过程耗时3个月，船身长约12m、高约7.5m，船体所有结构、尺寸、功能都完全按照平乐红帆船打造，船上整套日用品、红帆及贩卖的商品都符合水上人家日常生活、劳作和经商的原始特性。

为了展示船身的全部细节，真实还原船停泊码头的情景，将这一区域的地面抬高，以玻璃地面模拟江水，将船身半嵌入其中。通过一束暖色光源，渲染日落黄昏时段的光环境，利用水影灯制造波光粼粼的水纹效果，以光色的冷暖呼应，丰富光照层次，增加场景的生动性。

市井画卷展区

空间简介

桂林拥有便利的水路交通条件，也就形成了独特的水陆贸易体系。"市井画卷"为步入式场景体验设计，真实还原一条老街坊，以全景复原、半景复原、场景延伸油画及雕塑小品等

市井画卷展区1

市井画卷展区 2

人物铜雕小品

斑斓彩衣空间 1

多种形式，情景再现桂林老商业街熙熙攘攘的贸易景象。

人物铜雕小品的创作和铸造工艺

根据创作构思绘制设计图，制作泥塑小稿，通过泥塑小稿确定人物形态及雕塑的表现形式。

泥稿的塑造。根据泥塑小稿造型焊接金属骨架，在骨架之上根据造型动态捆绑木方，以雕塑造形体。在基本造型出来之后，根据情节内容、雕塑风格，进一步塑造细节，直至完成最终泥稿。

失蜡法翻制蜡模。在湿润的泥稿上面，根据人体结构关系插上树脂分模片，将糊状石膏浆分层刷到泥稿上，直至形成 5cm 厚石膏层，拔出分模片，使石膏与泥稿分离。清理后在模型中灌入石蜡，等蜡冷却后取出蜡胎，对雕塑进行组合与细节修整。

失蜡法浇铸成型。完成蜡模后采用不同粗细的石英砂制作耐温壳，待干硬后进行浇铸（这道工序需 10 天，称为"精密铸造"）。冷却后出模喷砂，把铸造表面的氧化层去除（光洁表面）。最后对表面进行化学药水着色处理。

现场安装。在雕塑安装位置预埋柱脚或化学锚栓固定，将雕塑底部框架与固定柱脚焊接牢固，并将表面效果修整完整。

"斑斓彩衣"展区

空间简介

民俗厅最后一部分主题为"斑斓彩衣"，展示陈列大量馆藏民族服饰、银饰，所以这一区域的陈列方式以延墙展柜和独立展柜为主。根据少数民族吊脚楼等建筑层层叠叠、错

斑斓彩衣空间 2

落有致、节奏感强的特点，设计了曲折交叠的悬挑展墙，延墙展柜随展墙方向，在展示内容变换的位置，将两侧通透的双面展柜作为区隔，使陈列内容有所过渡，又保持不同区域之间的空间对话。

在展区中心位置，设计场景、精品展柜展示区域。中心区域设计的原则是既保证正确的引导观众的观展路线，起到区域分割的作用，又保持展厅整体的通透性。

银饰展示

技术难点、重点及创新点分析

馆藏民俗服饰数量多，保存完善，精美且珍贵，所以民族服饰的展示方式成为本展览的重点研究课题之一。设计方案围绕不伤害展品、方便定期更换的展示方式，以尽可能完整、美观的方式展示展品。

馆藏服饰设计了插接式、可调节尺寸的独立展架。插接式设计便于拆装，解决了展出服饰定期更换的问题；可伸缩的调节杆，可以用于展出不同尺寸的服饰；选择木材为主题材质，以衬托民族服饰的古朴和生态性。

服饰展架的设计和制作工艺

根据对所有陈列展出服饰测量尺寸的整体分析构思草图，设计出能满足大部分服饰的基本方案和个别款式的扩展方案。

制作方案立体效果图及加工图，定制加工实际样品。根据样品调整材质及加工图纸，综合评审通过后送专业工厂进行批量加工。

展架安装过程。定制展架运抵现场，经监理单位检验合格后，交付博物馆文保部预备布展。文物布展工作首先由博物馆向设计单位下发正式工作联系单，明确布展内容、时间及人员组织。在文物安全监控系统开启后，由博物馆工作人员操作，在设计单位指导下完成服饰展架安置及文物布展工作。

今日海洋展厅投影效果

国家海洋博物馆
展陈建设工程

项目地点
天津市滨海新区中新生态城海旭道

工程规模
展陈面积约 4000 平方米，工程造价
4100 万

建设单位
天津海洋局

开竣工时间
2017 年 11 月至 2019 年 8 月

获奖情况
第四届 CBDA 展陈空间方案类金奖、
第十一届中国国际室内设计双年展金
奖、第七届中国国际空间设计大赛文
教 / 体育 / 交通空间方案类银奖

国家海洋博物馆外景

国家海洋博物馆是经国务院批准、国家发改委正式批复立项的国家重大文化工程，坐落于天津市滨海新区中新生态城滨海旅游区。一期规划占地面积 15hm²，毗邻规划的南湾水域，建在 1km² 左右的海洋文化公园内，建筑面积 8 万平方米，日参观接待能力 7600 人次，基建及布展项目总投资约 16.15 亿元人民币。

建成后的国家海洋博物馆将以"海洋与人类"为主题，综合展示海洋自然历史和人文历史，以收藏、研究、展示、教育为主要功能，是一座融展示与教育、收藏与研究、文化与休闲、科学与艺术于一体的现代化、综合性海洋类博物馆。

国家海洋博物馆承担着重塑中国海洋价值观的重任，它不仅是天

津滨海新区的文化地标，更是中国海洋事业的文化里程碑。建设国家海洋博物馆是我国海洋事业发展史上一件具有里程碑意义的大事，是有效收藏、保护、研究和展示人类海洋活动和海洋自然环境的见证，充分利用其价值可全面提升我国文化国力和全民素质，这是强化全民海洋意识、提高海洋知识水平的需要，也是提高公众保护海洋环境、维护海洋主权、参与合理开发和利用海洋资源自觉性的需要，更是促进社会可持续发展的需要。

设计特点

建筑采用中间无柱的悬挑设计形式，给展陈设计带来不小的难度，因

需要避开两侧展墙上密集布置的消防门、逃生通道、维修口等，所以设计突破传统延伸展线布局的形式，大胆采用了开放式自由参观的方式，既满足了空间设计及消防疏散需求又符合主题。设计亮点为带状建筑空间、开放式展陈设计，它们使建筑与室内完美结合。

引海入馆，设计上充分发挥海洋元素，深化海洋形象。采用世界先进的多媒体互动技术，寓教于乐。

在参观动线及布展上，大胆采用国际化表现方式。以海洋的流动勾勒层层的海浪，漂浮在大陆周边的海岛与海浪相互交融，而洋流作为一部分引起海浪的动力，同时也是地球的"血液"，运输着营养物质，推动生命运转。提炼海浪、洋流、海岛等元素，融入

今日海洋序厅

整体设计，完成开放式布局，形成贯穿空间的主旋律。

重点空间介绍

自然海洋之今日海洋

空间简介

自然海洋展厅分为"远古海洋"和"今日海洋"两大部分，以"识海""爱海""护海"为展示原则。其中，"今日海洋"以海洋生物和对应的环境，揭示今日海洋"适者生存"的发展溯源。"今日海洋"展示内容分为"地球海洋"和"生命海洋"两大部分，分别从海洋结构、海洋动力、海洋环境、海洋生物、海洋生态、海洋生存

几大维度进行展现。序厅由"鸟瞰海洋"开始，引领观众从高空视角俯瞰，进入美丽的海洋世界。

综合运用场景模拟、标本展柜、多媒体互动、图版解释等展示形式。运用互动展项，在解读海洋基本结构和特征的基础上，展示运动着和变化着的海洋。以协同演化的观念，展示环境与生命的协调发展，充分展示海洋生命发展历程中的大节点和大事件，突出重点章节。

从海到洋，从海面到海底，从海洋结构到海洋动力，陈展充分借助世界先进多媒体手段集中展现海洋相关知识。利用多媒体的优势在于可以还原海底地形地貌，将平时不能接触的海洋视角震撼、直观地表现出来。先介绍纵向海洋知识（深度）认识海洋，

再介绍自然及人类对海洋的破坏以提高保护意识，然后利用横向概念（热带、温带、寒带）展示海洋的美好及物种的丰富，科学客观地还原了海洋面貌，将经纬度的概念融入设计。

自然的海洋深邃而神秘，总是引发人们的无限遐想。在展陈表现上打破学科固有思路，还原海洋环境的真实特点。展线的步步深入引领观众逐步从浅海进入深海，海洋生物、海洋植物也对应出现，生动再现了最真实的海洋景观。

海洋动物阵列式的展线，仿佛海洋动物的集体群游，配合地面流线形的引导指示，令观众在参观的同时，仿佛随着海浪漂浮，随着鱼儿游荡。

展示设计与建筑的结合，是本项目的一大特色。建筑空间拥有独特的

海洋环境展区

造型和采光，展陈设计充分考虑了相应的特点，伴随着海浪在展厅的延续，创造性地将动物标本、模型融入其中，更加突出海洋动力对海洋生物的影响，视觉上也更具有冲击力。

布展设计有较大的突破，大型海洋动物标本及模型采用动物群游阵列式呈现，充分利用建筑空间的大挑高，让大型海洋动物"畅游"展厅，利用展馆大型落地玻璃幕墙，尽量让布展设计利用自然采光，节能环保。

蛟龙号载人潜水器是一艘由中国自行设计、自主集成研制的载人潜水器，也是"863计划"中的一个重大研究专项。2010年5—7月，蛟龙号载人潜水器在中国南海执行了多次下潜任务，最大下潜深度达到7020m。展示设计特别将蛟龙号下潜到不同深度时看到的不同海洋环境、海洋动物进行对应性展示，还通过纸杯实验直

观呈现不同海洋深度对应的压力值。这样的展示手法，既能突出重点实事内容，又能让深奥的科学内容变得有趣易懂，拉近了参观者和科学知识的距离。

海洋世界中色彩鲜艳的无脊椎动物也是一大亮点，这些动物体型普遍比较小，但是颜色鲜艳。设计师则充分放大色彩鲜艳这个特点，打造了一个灯光可变化的无脊椎海洋动物生态

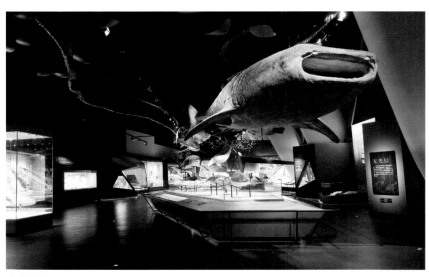

生命海洋展区

区，展台设计也是依据无脊椎螺状动物外形还原，非常具有视觉冲击力。

这一单元是重点展示的内容，解读生物与生物之间和生物与环境之间的关系。其中的重点场景表现了俗称"南红北柳"的红树林。湿地是重要的国土资源和自然资源，如同森林、草原、海洋一样，具有多种功能，被喻为"地球之肾"。设计师将红树林场景按南北方向排布，在方位上响应"南红北柳"的特点，造型上充分尊重知识性和科学性，深化设计中不断完善细节，为落地施工工作打好坚实的基础。

蛟龙号体验

展馆整体采用具有呼吸感的平面布局，注重观众的直观感受，陈展像电影般注重开端、发展、高潮和结局，娓娓道来。科普与艺术的结合使观众更直观地吸收知识。旋流、洋流穿插其间，各处造型以曲线为主，虽各有不同，但始终将海洋中水流的形式抽象提取并应用其中。中部标本展示区各种形式的展柜以展品分区定制，高矮起伏各有不同。展区内最为吸引眼球的还是海洋生物们，它们不仅给观众传递知识，还在给观众讲述一个一个小故事，大到20m的鲸鱼，小到肉眼都看不见的浮游生物，各自都有生存本领。同时提出通过空中水下检测、保护等智慧海洋概念和手段，设计先进的展项，定期与极地科考人员进行问答对话，起到寓教于乐的作用。最后回归到如何珍视、保护海洋——如果没有了海洋，人类还会存在么？

无脊椎动物展区

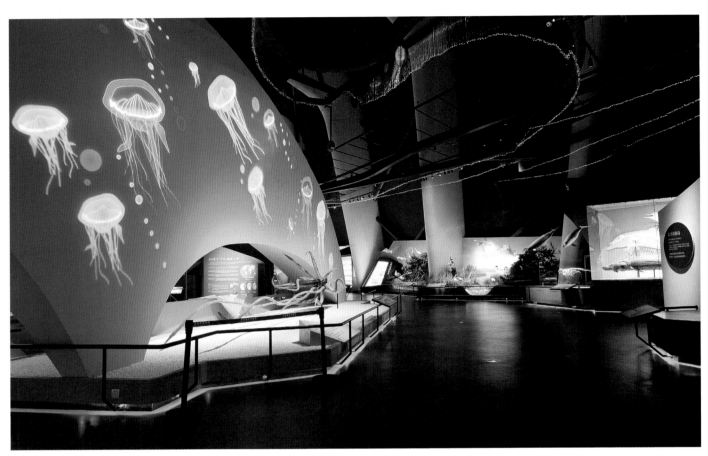

海洋植物展区

大型动物标本与小型动物标本展区

在最后海洋环境的部分，针对目前海洋垃圾造成海洋环境变化的问题，设计师用装置艺术的手法将海洋垃圾拼凑成一条鲸鱼的尾部，另一侧则穿过防火分区墙露出鲸鱼完好的头部，既实现了空间的连贯性，又满足了内容的需求，体现了创意设计。带着进入海洋中心的目的出发，由浅海进入深海，完成海洋在我们心中的升华。

技术难点、重点及创新点分析

科学绘图的科学性与美观性深入结合

在深化设计创作的过程中，设计师针对概念设计中的重点场景，逐一进行深化设计，比如红树林场景、热液黑烟囱场景，在尊重大纲的基础上收集大量真实素材，在专家的把控下形成基础手稿，然后再由专业绘图师进行手稿美化，并结合布展落地要求

海洋环境变化展区

不断完成细节，最终形成尊重科学、经专家审核、细致落地的科学绘图。

动植物标本、模型复原的科学性及布展陈列工艺

重点动植物模型同样以科学性为前提，在设计及布展工作前做大量的参考资料搜集与梳理工作，在深化设计的过程中针对每处模型进行逐一细化，在将表现姿态、科学性、美观性多方面结合的同时，特别考虑模型陈列的细节处理，比如螺型展品、鱼类展品、大型鱼类展品、珊瑚类展品等多种标本、模型，不能只采取一种规格的爪件布展，需要专门设计定制多

红树林场景手绘稿

种形态、不同规格的爪件，从而保护标本，使展品陈列安全且美观。

人文海洋

空间简介

国家海洋博物馆以"海洋与人类"为总主题，展示内容分为基本陈列、专题展览和短期—巡回展览三大部分。通过系统展示地球、海洋、生命与人类四者之间相互依存、相互共生的关系，全面阐述海洋自然环境的变化与可持续发展，客观反映中华海洋文明的发展进程与中华民族的智慧结晶，揭示人海和谐的真谛，引导社会公众认识海洋、了解海洋、热爱海洋、保护海洋。

国家海洋馆人文海洋展厅，以中华海洋文明为主线，讲述在漫长的历史岁月中，先民们与海共存，在认识海洋、开发海洋的过程中产生了海洋文明的萌芽，奠定了中华海洋文明的基础。随着造船与航海技术不断提高，海上交流活动日益频繁，特别是海上丝绸之路的开辟，创造了中国古代海洋文明的辉煌。15世纪末开始的地理大发现揭开了大航海时代的序幕，殖民统治与海洋贸易逐步扩展到全球，全球化初现端倪。在禁海与开海的不断博弈中，中国逐渐融入世界体系。转型时代艰难曲折，失望与希望并存。中华海洋文明，承载着中华民族宝贵的文化精神和传统，为人类海洋文明的发展作出了不可磨灭的贡献。

技术难点、重点及创新点分析

人文海洋部分初步设计之后，清尚承接了人文海洋三个展厅——中华海洋文明第一篇章、中华海洋文明第二篇章、建设海洋强国展厅的深化设计以及施工工作。应馆方要求，对这三个厅的设计进行了空间布局、展线、展陈手法的优化。

这三个厅均为不规则展厅，形状和高度也不一致，出入口的设置导致逆时针展线比较长，因此，必须通过空间布局的整理、展墙和围合空间的设置，来解决逆时针图文版过多的问题。

从色彩和重要展项的设计上凸显三个厅的象征意义——分别是智慧、坚韧和包容，体现中华民族在征服海洋的历程中不断探索的过程，以期在观展过程中唤起观众的民族自豪感，阐述和谐世界观。

发挥空间导向性的指引作用，利用平面、展柜、场景等，有方向有目的地引导、暗示观众。展陈空间的每一个序列都有其特性，并可以从这些序列当中激发一定的情绪，故事要有序列，情绪才有节奏，从空间布局角度，要考虑每一个序列中行程的参访动线——是直线、曲线、迂回还是盘旋，这样的线对于讲故事有没有不

热液黑烟囱手绘稿

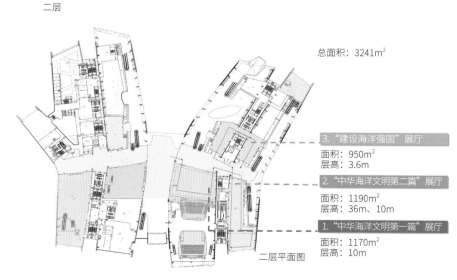

二层

总面积：3241m²

3."建设海洋强国"展厅
面积：950m²
层高：3.6m

2."中华海洋文明第二篇"展厅
面积：1190m²
层高：36m、10m

1."中华海洋文明第一篇"展厅
面积：1170m²
层高：10m

二层平面图

国家海洋博物馆人文展厅总平面图

可取代性。对视觉中心范围形成状况进行观察，要重视主要展品、主要场景，比如最重要的展品或场景、多媒体展项，需要形成独立的视觉中心，可在形式上增加巧思并加以延展，也要为主要展品配置仿制配套辅助展品的可能。部分区域的界面围合，以墙体、隔断作为竖界面，同时要考虑围合界面与顶界面（顶棚）、底界面（地面）的关系、角度，竖界面与界面之间形成的角度，行程对观众情绪、注意力的影响，以及界面围合的必要性。围合部分是带动情绪和空间体量节奏的重要手段。主展线为图文展板及文物，辅展线为场景多媒体等形式。要注意两者的配搭，以及上下展线的配合。比如古代厅的高空间，选取了水陆攻战纹以及具有时代特色和中国特色的海纹，既补充了上展线的装饰性，又不至于因为太过复杂而抢夺主展线的。

"中华海洋文明"
第一篇章

空间布局优化遵循如下创意。

步移景易，探索趣味：打造借用中国设计元素的当代化设计，从每个单元的开篇望入，都是这个单元最重点的展品及场景。

透视与呼吸：营造呼吸感空间，做一些看得到而走不过去的墙体设计，吸引人用视线探索古人勇敢的脚步和智慧的历程。

坡道与围合空间：视听结合展陈语言，沉浸式参观，呼应海底寻宝主题，进一步提升探索乐趣。

作为中华海洋文明的开篇，第一篇章序厅的浮雕融入了在数千年的历史中与海洋有关的很多元素。浪头的正上方是远古独木舟的形象，象征着远古先民第一次拥抱大海、航向未知的时刻；旁边的古代星图是古人在指南针出现之前最常用的导航工具；人物纹饰称为"水陆攻战纹"，常见于春秋战国时代的青铜器上，说明当时的水战已经十分普遍，而这个装饰元素在展厅内的上展线上也一直出现。到汉武帝时代，中国派出了第一支官方性质的船队出使印度，开展海上贸易，在更精确的航海图和指南针的帮助下，中国开启了古代海上丝绸之路的辉煌时代。天干地支文字是古代航海罗盘上表示方位的刻度，也可以看到瓷器、丝绸、装卸货物、造船工人的形象；最后看到的活字印刷代表跟随中国船队输出的中国文化与技术，贸易往来只是满足物质需求，文化输

"中华海洋文明"第一篇章 煮海为盐场景还原

"中华海洋文明"第一篇章 沙丘贝丘场景还原

"中华海洋文明"第一篇章 展厅鸟瞰

"中华海洋文明"第一篇章 序厅

出才是真正的强国象征。这种意涵丰富的雕塑，会在三个展厅的序厅延续。

"中华海洋文明"第二篇章

中华海洋文明的第二篇章开始于郑和七下西洋之后，明朝开始了海禁的保守国策，中国的出海之路经历了顿挫，而同一时间欧洲的航海事业崛起，古代一直领先世界的中国错失了近现代化的快车道。这个厅的空间优化方式通过如下几点体现。

通过设置坡道，增加风云动荡的氛围，符合本篇章内容的气质。

通过通道的宽窄变化，丰富空间节奏韵律，主辅展线配搭。

通过透视借景，增加探索趣味。

令两段历史的对话——从禁海开海政策所造成的历史徘徊，到觉醒后的不懈求索。内容与空间，遥相对望，引发观众对从明代到近代这一中国海洋文明发展史独特阶段的细致思考。

让自然光照进博物馆已成为展厅设计的国际趋势。本展厅利用 10m 高的落地玻璃将阳光引入展馆，并搭配窗帘柔化照度，且屏蔽有害光线，避免过度光照对展陈和展品的影响，同时借助自然光，制造光影效果，增强空间感和故事性。

第二序厅的浮雕设计，延续上一个厅的风格，在形式上却更为丰富，更具形式感。浮雕为内外两层，外层造型墙上有层叠的海浪造型，乘浪而来的列强舰船与岸上的火炮对峙，象征着近代史上中国对海洋态度的转变，虽历经了洋务运动等一系列自救运动，终究未能摆脱困局；内层的战舰造型，代表近代的探索最终打破了闭关锁国的封建制度，为中国引上一条光明之路。

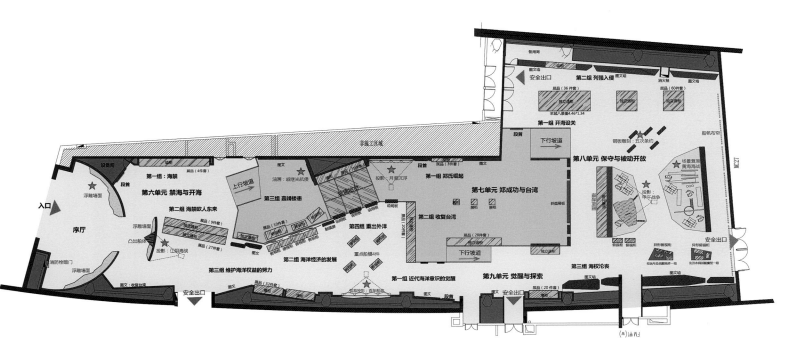

"中华海洋文明" 第二篇章 平面布局图

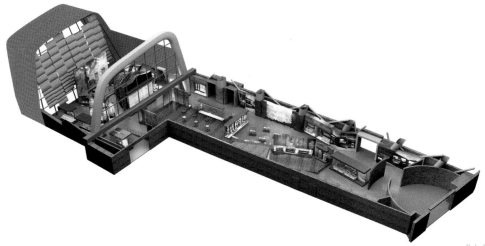

"中华海洋文明" 第二篇章 展厅鸟瞰图

"中华海洋文明" 第二篇章 序厅

"中华海洋文明" 第二篇章 禁海与开海展区

"中华海洋文明" 第二篇章 禁海与开海展区

"中华海洋文明" 第二篇章 保守与被动开放展区

"建设海洋强国"展厅

建设海洋强国展厅空间面积不大，层高也偏低，为此，设计师增加了许多围合空间，增强展项的独立观赏空间，并增加了一倍的展线长度，以容纳大量的文字、沙盘模型以及多媒体内容。

这个厅的设计，前半部分突出历史感，通过经典博物馆手法，缅怀党的几代领导人对海洋事业的关心。

而后半段则通过综合立体沙盘与多媒体结合的方式展示重要成就，突出科技感和观赏性。

在"U"字形空间中，则用一条LED灯带营造隧道感，链接两边的展示内容，以有限的空间塑造时空感受。

伴随着中华人民共和国的成立和中华民族伟大复兴的征程，中国人对海洋的认识不断深入，对振兴海洋的决心更加坚定。党的十八大以来，建设海洋强国成为国家的重要发展战略，海洋在我国经济发展格局和对外开放中的作用更加重要。党的十九大报告指出，要坚持陆海统筹，加快建设海洋强国。本厅以综合立体的现代化展陈，集中表现了我国在海洋经济、海洋生态环境、海洋科技、海洋权益等多领域取得的一系列成就。

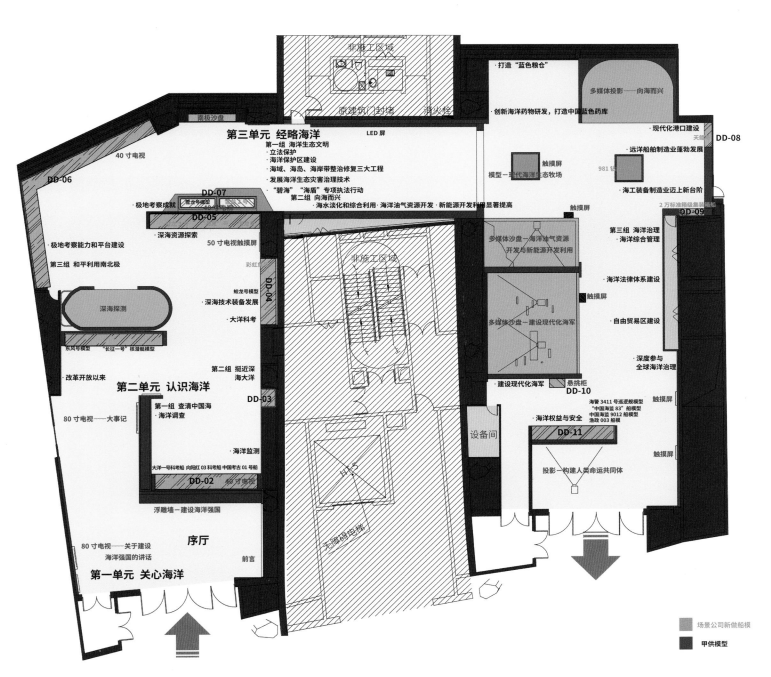

建设海洋强国展厅平面布局图

"建设海洋强国"展厅序厅

"建设海洋强国"展厅经略海洋展区

"建设海洋强国"展厅中的中国深海科考成就展示以及深潜器互动体验

"建设海洋强国"展厅通道,全方位展现我国海洋建设的突出成就与贡献

贝林厅

空间简介

国家海洋博物馆"航海发现之旅"展厅位于博物馆三层,面积2000m²,空间高度最高达11m,空间开放、宽敞、无遮挡,且自然采光充足。为最好地利用展陈空间特点,在有限的空间内,呈现大自然的无尽壮美,容纳科学精神的传承不辍,在最为关键的灯光设计上,融合人造光源与自然光线,给人以最佳的视觉效果。以海洋分隔的大陆为分区依据,将航海线路作为串联,运用立体蒙太奇的手法,将海洋、陆地、天空交织为一体,将吊装的壮观鱼群、海豚作为引导,带领观众乘风破浪,到各个大洲观赏独特奇妙的动物世界。

徜徉在展厅之中,仿佛重温历史上波澜壮阔的航海发现之旅,进行一场与大自然和生命的对话,体会一段认知与思考人与自然关系的航程。以科学的精神和方法,去了解多样的动物生命形式,感受生机勃勃的大自然和美丽的地球家园。

因此,以海洋为脉络总体串联展示内容,以"发现之旅"为主题,以贝林标本所捐赠的动物在自然界中的分布和生境为依据,挖掘大航海历史上重大科学发现的故事,串联起六大分主题展区,包括序厅、达尔文的环球考察、探秘大洋洲、极地世界、非洲之旅、深入新大陆。设置普通观众动线和贵宾动线,为观众提供丰富的参观体验,同时深度考虑消防逃生需求,打造一条安全、流畅、有趣的参访动线。

设计思路创新

中国已经拥有将近30家贝林展厅。如何让国家海洋博物馆的贝林展厅成为唯一的、独具特色的,并具有国家高度的展厅,是对其进行定位与策划的核心。如何在一个国家级海洋主题的博物馆中汇总、合理展示陆生动物,挑选哪些内容,选择何种叙事角度,甚至需要以什么学科为基础,都是要仔细考虑的问题,以求突出特色,契合国家海洋馆主题,打造国家海洋馆专属的思路、脉络、内容与展示风格。

为体现国家级海洋博物馆贝林厅的特质,在相关专家的指导下,通过解读生命科学发展史和人类对大自然的探索历程,将展厅的主题定为"航海发现之旅",从人文的角度叙述自然,同时也表达对科学巨匠的深深敬意。展厅整体的氛围将人们带入那个伟大的时代——远渡重洋的人们登上各个大陆,见到了各种各样见所未见、闻所未闻的物种,开拓了视野,丰富了认知,更推动了科学的进步和文明的发展。从生命科学的发展历史与人类的科学探索历史来看,正是海洋,让我们看得更多,懂得更多,让我们以最科学的方式,认识了这个蓝色星球上的多彩生命。科学家的探索经历,也为我们设计观众的互动方式提供了重要的依据。根据人们对科学知识探求的心理,让人们去发现知识而不是简单地被灌输，是这个展厅带给观众的另一个惊喜。

在展示内容的设计上，结合对国家海洋博物馆整个展陈内容系统的综合分析，以解决"如何将海洋与陆地动物联系起来"这一关键问题为切入点，让展示脉络与内容紧扣海洋馆主题，以发现和观察为主要参观方式，充分激发观众对自然和科学的兴趣。让国家海洋馆的贝林主题展厅在独具叙事特色的基础上，从知识、情感、价值观等多方面发挥作用。

"航海发现之旅"展厅原空间实景图

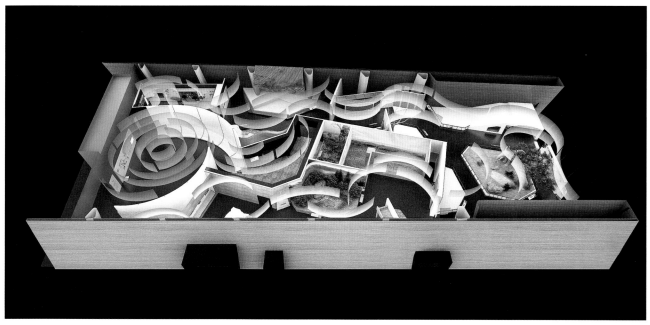

"航海发现之旅"展厅鸟瞰图

"航海发现之旅" 展厅序厅

"达尔文的环球考察" 展区

以海洋与陆生动物演化史、物种形成的关系为基本科学依据，以人类对地球的探索为故事基础，用海洋串联动物、生态及人类文明，以受海洋影响的地理生境、物种分布等为明线，以航海探险科学发现的故事为暗线，深度演绎"发现之旅"这一主题，让观众通过海洋造访各个大洲，去感受波澜壮阔的航海时代。仔细研读并充分发掘伟大科学家的发现故事，通过科学发现的细节体验，让观众从心理上经历一次科学巨匠们伟大发现的诞生过程。展厅的故事内容从达尔文、阿尔弗雷德·拉塞尔·华莱士、约瑟夫·班克斯等著名博物学家、科学家

"南方大陆"展区

"极地世界"展区

"非洲之旅"展区

的发现经历中选取精彩的故事，还原他们在绘画、记录、考察、分析、论证工作中的各种行动和思考方式。例如，让观众以"找不同"的方式，观察加拉帕戈斯海鬣蜥与地鬣蜥的身体结构，尤其是尾巴的差异，结合对其功能的视频演示，像达尔文一样分析鬣蜥为何会分化出不同的身体结构，重新梳理《物种起源》之中关于这种趋异演化知识发现的信息，直观地去感悟。

展示形式上，打破贝林展馆常见的"大场景、大聚集"模式，力求以精致的中小型景箱与景观以及以生存故事为前提的动物标本级联性展示手法，让观众更加专注于仔细观察动物与景观，欣赏自然之美，继而通过记录、思考、分析、归纳来实现自己的"大发现"，以航海家和博物学家的视角，

"深入新大陆"展区生态景箱

生态景观展示

"非洲之旅"展区

非洲草原景观展示

完成自己的探索之旅。为更真实、更还原自然地展现动物生存与生态环境的故事，展览摒弃大景观中集群式堆积展示动物的方式，结合空间特征，用精致的中小型场景或景箱，浓缩地还原动物所处的真实生态环境。

展厅的主题风格力求使自然科学与人文发展相互融合、交相辉映。为了区别于其他贝林主题展厅，在场景的还原上，突出展示科学发现中涉及

人文的场面，在画龙点睛的大型景观之中，让观众好似跨越时空，重新看到航海时代的定格瞬间，从最直观的角度去感受这些著名的历史大发现。跨时空的景观还原突破时间，用全新立体的景观空间指导人亲近自然，模拟野外考察，更希望激发观众对真实自然的探求欲望，并了解正确的探索方式。这个展厅不是人们亲近自然、了解自然的终点，而是人们了解自然、

与大自然友好共处的起点与动力。没有直观的感受，无论科学还是保护，都将成为空谈。近距离接触，才会催生爱护之心，而具有博物精神的展厅，则能够架起这个桥梁。

致敬古代的同时，紧随时代潮流，恰到好处地设计新科技展示方式，突破静态标本和场景的局限，带观众开启"发现"模式，利用高科技产品和新潮社交模式，体验航海的艰辛，

对话"活起来"的展品;更使观众像航海时代的科学家一样,挖掘眼睛、耳朵和双手的潜力,享受一场感官盛宴,像博物学家一样绘制记录,体验探索奥秘的快乐,以科学的话题同自然生灵深度对话,留下这次旅程的记忆。此外,基于关于动物感官与习性的研究成果,设置 VR 体验项目,从动物的视角去欣赏自然的神奇,感受动物在激烈的生存竞争中面临的种种情景,感受物竞天择、适者生存的自然规律。

北美生态景观展示

施工工艺亮点

为了更好地再现大自然带给人们的震撼和感动,在展厅的主要载体——"自然之窗"景箱与半封闭场景的施工工艺上,充分发挥匠人精神,学习国内外博物馆的先进经验,根据展厅空间结构特征,以带给观众舒适的观览体验为目标,建造一个个精致的生态景箱,主要的工作亮点表现在:

选择低反射玻璃作为展窗材质,并以 5°倾斜角安装,以避免反光,提升视觉效果;采用弧形结构搭建背景画和天顶。

基于对常人视觉感知方式的分析,考虑到人眼 124°的双眼重合水平视角以及 188°的双眼最大水平视角,以中视平线(位于观众从头部到胸部一带)为构图基础绘制背景画,并与前景紧密衔接,让景箱产生近景、中景、远景的自然过渡,增强身临其境的现场感,景箱及半封闭景观的墙面和顶棚衔接处以弧线过渡,消除死角,从视觉上真实地再现自然景观无尽延伸的感觉,让观众尽情欣赏自然之美。

"深入新大陆"展区

景箱外围的材料选择木纹铝板,形成主题风格,展现大航海时代的木质风帆海船以及早期博物馆的陈设风格,以复古的气氛,重新展示科学、致敬科学,带来一场致敬经典、重温博物学的盛宴。从安全性来讲,在保证复古风格的基础上,谨慎处理消防安全需要,使展厅的防火等级达到 A级,保证参观效果,更保障参观者的安全。

重庆自然博物馆外景

重庆自然博物馆新馆
B 标段展陈设计施工

项目地点
重庆市北碚区城南新区金华路 398 号

工程规模
展陈面积 5400 平方米，工程造价
4150 万元

建设单位
重庆自然博物馆

开竣工时间
2013 年 11 月至 2017 年 07 月

获奖情况
2017 年北京市优秀设计奖
2017 年重庆市优秀工程奖
2017 年十大精品陈列奖
2017 年（CBDA 设计奖）展陈空间
工程类铜奖

贝林厅

重庆自然博物馆是一所综合性自然科学博物馆，旧馆位于重庆市枇杷山正街 74 号，新馆位于重庆市北碚区文星湾 42 号。前身为 1930 年卢作孚先生创办的“中国西部科学院”，以及 1943 年由十余家全国性学术机构联合组建的“中国西部博物馆”。1949 年以后，先后改建为西南人民科学馆、西南博物院自然博物馆、重庆市博物馆自然部。1981 年改为现名，为国家一级博物馆。

作为重庆市十大文化设施重点项目的重庆自然博物馆新馆，占地面积 14.4hm^2，在同类博物馆中居第一，主馆建筑面积 30842m^2，展区面积 16252m^2，在同类博物馆中居第二。博物馆分为 A、B、C 三个标段，总投资额 4 亿元，室内投资额约为 1.2 亿元，其中 B 标段（贝林厅、恐龙厅、重庆厅）投资额最高。本馆从开始设计到完工共 5 年时间， 是集展陈与科普教育于一身的寓教于乐的博物馆，属于西部地区标杆性展馆。从开业以来，重庆自然博物馆除了成为科普教育基地外，还成为新晋的旅游景点。开馆第一年的 318 天里，共接待游客 306.8 万人次。文创产品销售额破 1000 万元。目前，博物馆正在积极申报国家 AAAA 级旅游景区。

设计特点

B 标段共分为三个展厅，分别为贝林厅、恐龙厅、重庆厅。贝林厅位于 A 区一层，面积约 1795m^2，层高 7m，展厅无自然采光和通风，门有 5 处，除一处在北墙上，其他均与序厅相通；恐龙厅位于 C 区一层及二层区域，空高 14m，一层面积 1752m^2，二层面积 399m^2，之间以楼道相连，展厅形状不规则，东西长大于南北宽，局部有屋面采光，入口设于展馆内一层，与中央大厅连通，出口开在二层；重庆厅位于 B 区一层，面积 1043m^2，高 7m，形状不规则，北侧墙体完整，西侧墙体开有两处出入口，分别连接序厅和通向恐龙厅的廊道，东侧和南侧墙体向内倾斜，墙面有“根”形玻璃假窗。

三个展厅力求设计风格简洁，展示方式新颖，与国际接轨。以贝林厅为例，因为全国乃至全球的博物馆很多都有贝林厅，做到与其他贝林厅不同，是对设计提出的要求。从两点入手，第一是首创了场景与剧场结合的互动方式，让动物标本给观众演一出舞台剧；第二是静态展示动物的山体展台，采用 3D 打印技术结合人造石制作的方式。

展线及空间的设计是博物馆展览陈列形式设计的重要环节，要顾及建筑、环境和平面等诸多方面，要遵循合理有序、主次分明、科学人性的原则，在设计风格、节奏、色调以及形式连贯性上要达到前后一致、风格统一、节奏合理、色调协调的效果。各厅展板设计也要遵循相同的规律。

恐龙厅

重庆厅

功能区介绍

贝林厅

空间介绍

贝林厅序厅以世界栖息地为主轴。生物多样性最丰富的区域——非洲为展厅的心脏地带，非洲区后段为世界栖息地。从热带到极地，珍惜动物走在贝林厅，唤醒人类自然保育的意识。

整体展厅截然不同的设计手法让观众耳目一新，非洲动物大迁徙沉浸式场景与舞台灯光一动一静完美结合，保护动物的创意触动人心，设计师反复测量现场高度，利用地面栈道，让观众居高临下观看动物的生活状态，使栈道的功能性得到了提升。

贝林厅整体空间设计了多种截然不同的感观体验，让观众在参观过程中缓解视觉疲劳，通过幽暗、神秘与纯净、唯美的对比，引发观众对自然探索的好奇心。

贝林厅序厅实景

非洲动物大迁徙实景

野性非洲展区，是最凸显生物多样性的区域，在位置上也是本展厅的心脏地带。非洲区后段，以世界栖息地为主轴，三块各自独立又相互呼应的场景讲述着一个个生动的故事。

北美四季展区，不规则山体展台设计、动物标本的肢体语言展示成为整个展厅的亮点。北美四季分明，为了更准确地展示一年里动物的生活状态，大型山体异形展台设计大胆，全国首例人造石展台设计独具一新。在

真实呈现动物姿态的前提下，为了完成无缝拼接设计，施工难度大大提高；为了节能减排，材料得以循环利用，将3D打印技术第一次应用在展馆里，实现新的突破，在反复计算修改后，动物标本既是艺术品也是展品。

贝林厅实景

贝林厅实景

野性非洲场景

栈道上观看非洲荒漠展区

北美四季大型山体异形展台

技术难点、重点及创新点

贝林厅建筑空间整体高度不够，因此以下挖地面的方式弥补建筑层高低矮的缺陷，并运用灯光对比营造从幽暗到明亮的空间氛围。野性非洲展区的栈道和北美四季展区的不规则展台，让观众零距离观看动物姿态。整体参观氛围是由写实到抽象的展示手法，新颖、独特。

山体景观展台的施工工艺

测量放线：按照设计图纸进行现场定位放线。

龙骨安装：依据图纸将方钢管与地面预埋板焊接起来，焊接要牢固，位置要准确。将3D打印的定型层板与钢架连接，制作出龙骨轮廓。12mm厚基层板通过自攻钉与定型板连接，封堵台面。

饰面板安装：复合人造石与基层板粘贴，拼接处进行切割、灌胶、打磨、抛光。

标本安装：展台台面预留标本安装预留口，标本钢架安装通过预留口与地面钢架固定，封堵预留口。

大型场景复原

贝林厅需要大量的场景复原，将动物标本和实际的生活场景进行融合，野性非洲动物大迁徙、亚洲雨林场景等部分，还会结合多媒体营造声光电氛围，力求场景生动逼真、引人入胜。

场景复原大致分为以下几个工作环节：

背景局部手绘画聘请一些有经验的画家，根据不同内容的场景，考据当地自然条件，绘制与场景主题相吻合的主题背景。其目的是为了更真实地反映自然原貌，虽然在成本上增加

了几倍乃至几十倍，但与喷绘背景相比较，达到的效果是无可比拟的。这些背景画的底板基础用75系轻钢龙骨、多层夹板等制作，多层板表面用腻子批刮、打磨，在布上绘制背景，保证背景画不变形、不开裂。

仿真大型树木、岩石等制作

针对当地的地理特征和植被本身的特质进行电脑图稿创作，经艺术家审核后进行现场放样。由高级工艺师及焊工对基础钢架进行焊接，对框架进行艺术造型处理（由高级工艺师进行），运用特种水泥进行基础塑形，后由高级工艺师对树皮等仿真肌理进行塑造，着色、渲染后进行树枝制作安装，最终调整整体效果。

地面塑形采用特别定制真实地面和仿制地面，参观者可以进入的场景用真实地面材料，反之采用仿制地面以减轻对楼层的压力。

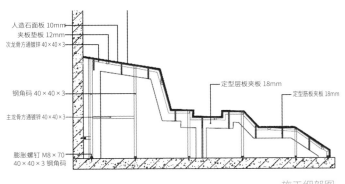

施工细部图

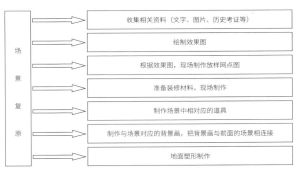

场景复原流程图

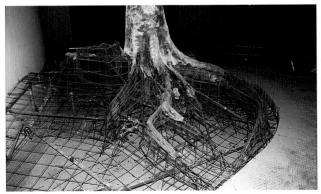

亚洲雨林场景钢基础

亚洲雨林场景塑型

脚本编写和设备调试，按各场景需要，收集相应的图片、影像，编写动态脚本，说明其动态内容、动态时间，设置动态时背景声音，图像要配合时序，用文字说明资料来源、主题、用意、出处等，再结合整体设备进行现场调试，从而实现场景声光电理想效果，使整个场景有较好的艺术氛围和较高的科技含量。

恐龙厅序厅

恐龙厅

空间介绍

在人类一步步的发掘、探索与研究下，恐龙可以跨越亿万年时间的阻隔，再现眼前。人类细心呵护这些意外展露的珍宝，科学还原每一个场景。展厅布置为探索现场，带领参观者进入恐龙生命循环的轴线，参观者化身为探险家，开始一段史前的冒险，进入恐龙再现的世界。

展厅开头的空间氛围以打造考古、夺宝奇兵现场为意向，引导观众追随者探险家的步伐，进入神秘的恐龙考古现场寻宝。中后部分整体以灰色调空间和专业重点照明来突出骨架的地位。与其他恐龙厅大部分复原场景不同，本展厅主要展示千姿百态、活灵活现的骨架。

恐龙厅除序厅外分为四个单元。第一单元是发现恐龙，是对挖掘工作的解说。第二单元是解剖恐龙，是对挖掘出的恐龙骨骼的研究。第三单元是设计的重点，也是设计的亮点部分，此部分为恐龙再现，数具形态各异的恐龙骨架展现在此，最小的1m左右，最大的二十几米。它们都重复生前的姿态，犹

恐龙厅效果图

恐龙厅

如复活一般，有的追逐，有的搏击，有的觅食，让观众产生丰富的遐想。再配以专业重点照明及空间的灰色调，突出恐龙骨架的稀有和珍贵。第四单元是回望恐龙，观看完恐龙整体骨架后，再对其进行了解及研究。整体循序渐进、主线清晰，让观众感受遐想—渐入—认知—震撼—收获的过程。各展项设计遵循人体工程学原理，考虑了成年人和孩子的身高差，并用设计端景的处理方式，带给观众完整的视觉感受。

技术难点、重点及创新点分析

恐龙厅空间规划和建筑有机结合。二层回廊下部分为第一、二单元。

利用中间 14m 挑空，展示本展厅重点内容——大型恐龙骨架，采用大型油画绘制与恐龙骨架装架及顶部遮光膜。

在二层下搭建了夹层平台，以此来丰富这一展区的层次感和可观赏感。观赏了大型骨架之后上到二层，这里是细节展示区，观众可以安静下来观赏展柜内的珍稀标本。

恐龙骨架装架工艺

第一步：装架前需整理拼补现有的骨骼化石，缺损部分参考其他个体或左右相对应的部分复原出来。

第二步：翻出石膏模型，再翻出玻璃钢的骨骼模型。

第三步：拼搭前要核对该恐龙的生前环境，作出姿态造型图纸，再按图设计钢架。钢架设计讲究简洁合理，既避开正面观众视线，又要非常坚固。

第四步：钢架焊接完毕后进行姿态调整，确认无误后装配恐龙骨骼，造就栩栩如生的恐龙骨架造型。

顶部遮光膜施工工艺

由于建筑本身有一部分自然光射入，标本又不宜被自然光长时间照射，在 50%、70%、90% 的遮光膜中选择了过滤紫外线能力最强的 90%，以有效地保护标本。

量尺寸：现场完成的基层需准确测量，以保证图案位置、尺寸正确。

恐龙骨架展示

大型恐龙骨架鸟瞰

版式设计：根据测量尺寸及图文信息进行设计，定稿后进行制作。

背胶膜 UV 打印：打印前先测试小样，校准设计文件与打印文件的颜色。

贴膜：准备好要使用的材料后，用水将要贴膜的玻璃清洗干净，再在玻璃上用喷壶喷上一层清水，水不需要太多，喷洒要均匀。将贴膜一角撕开，粘贴到需要的位置，调整垂直度，保证粘贴下去不会倾斜。将膜背后的衬纸撕下一段，用刮板轻轻地将膜下面的水向下刮，使膜完全和玻璃贴合。如发现有气泡，可以轻轻地将气泡刮至边缘部分。刮好后如果有多余的部分可以用美工刀将边缘裁平整。

细致、专业的照明效果：照明系统近些年越来越被展示布展工作所重视，一般展馆的照明分为普通照明、重点照明和演绎照明，根据每一处恐龙骨架细致的调试恐龙厅的照明系统，从而让整体表现效果呈现故事化演绎。

恐龙骨架照明效果

重庆厅

空间介绍

长江——重庆都市的起点，它雕塑了地景地貌，孕育了山水都市。此厅空间设计以山水都市的地景地貌为意象，丰富的水系幻化成联动空间的水滴，串联全厅。前半区为山区，表述自然天成的地景；后半区为山水相依的独特人文景观，半山半水间，以山水交融的洞穴表现古人类的生活。三种地景将远古与现代交织在一起，诗意地讲述重庆山水都市的自然史。

重庆厅序厅

序厅采用山体切片造型，给观众植入山水重庆的印象。利用沙盘让观众清晰地了解重庆的山行地貌，复原原始人生活场景与民国时期重庆市貌，与现代重庆市貌进行阶段式对比，让观众深入了解重庆。

重庆厅的设计区别于贝林厅及恐龙厅的简约现代感，用古朴的氛围体现重庆特色，利用现有空间全方位展示重庆特色及珍稀资源。

为了让观众感受重庆特色，设计了溶洞景观，并采用了原始吊脚楼民居现场搭建的方式进行精准还原，内部用织布机模型表现重庆居民的生活方式，既环保又保证效果，并且方便施工。以吊脚楼建筑作为依托，内部展示衣食住等知识点，使内容与形式高度结合。

溶洞场景复原

重庆厅矿产资源展区

重庆厅动物资源展区

吊脚楼场景

重庆厅吊脚楼效果与投影场景相配合

序厅雕塑（局部）

八路军太行纪念馆展陈改造工程

项目地点
山西省长治地区武乡县太行街 117 号

工程规模
展陈面积 1.2 万平方米，工程造价 1650 万元

建设单位
山西省文物局和八路军太行纪念馆

开竣工时间
2015 年 3 月至 2015 年 7 月

获奖情况
第五届（2015）中国环境艺术最佳范例奖
第十一届中国国际室内设计双年展铜奖

八路军太行纪念馆 外景

八路军太行纪念馆是为纪念八路军 8 年浴血抗战的光辉历史，缅怀先烈，教育后人而建。是由中央批准投资建设的国家级抗战纪念设施。馆建占地 14.8 万平方米，展陈面积 1.2 万平方米，主题是"八路军抗战史陈设"。馆名由邓小平同志亲笔题写，是全国著名的爱国主义教育基地，1988 年开馆以来，参观人数突破 2000 万，是传承红色基因的重要基地。

为了落实中央和山西省委关于做好抗战文物保护利用工作的指示精神，在中国人民抗日战争暨世界反法西斯战争胜利 70 周年前夕，对纪念馆展陈进行全面的改造提升。运用现代化的设施、设备，更好地宣传八路军 8 年抗战的光辉历史。自 2015 年 7 月 7 日开馆对公众开放以来，得到了来自中央、省地各级领导以及广大参观者的高度评价。

设计特点

由于是改造升级项目，在设计中进行了大量理念方面的探索及形式上的创新，特别是遵循现代博物馆展陈科学发展规律的创新性、创造性设计。充分利用现代科学技术手段，展现八路军在中国共产党的领导下，从小到大、从弱到强的奋斗历程，显示出八路军不畏强敌、勇于胜利的革命英雄主义气概，激发人们学习英雄、为建设中国特色社会主义现代化强国而奋斗的信心和决心。

设计重点是对使用了近 30 年的老建筑自身存在的先天不足，最大限度地进行改造，提升整个展陈主题的表现能力；还原历史的相貌形态，提高展陈的历史厚重感；强化对历史文物的展示，增强展陈的真实感和吸引力；更充分地发挥革命历史文物的教育作用，牢记先烈的奋斗传统。

展线及空间的设计，是博物馆、纪念馆中展览陈列形式设计的重要环节，要顾及建筑、环境和平面等诸多方面，要遵循合理有序、主次分明、科学人性的原则。主展线是由图片、文字、展品、景观为主要构成的内容展示系统，不同于一般意义上的版面装饰，而是上升到艺术创作高度的整体谋划。

八路军太行纪念馆共有 6 个展厅，其设计风格、节奏、色调以及形式连贯性要达到前后一致、风格统一、节奏合理、色调协调的良好效果。为了加强展线的厚重度，使用的 LED 射灯为主的照明系统，满足了展线色温及亮度方面的需要。对展厅的网格栅吊顶颜色进行了加深处理，使其更加沉稳，消隐感强，突出和强化了展线的视觉效果。

改造提升后的展墙，时代感、艺术性强且多有创意。多层壁式展墙立体、丰满、富有韵律；不同色块、有变化的版面和"极简主义"理念的展墙，在吸引参观者注意力的基础上，实现突出版面信息传导的最佳展示效果。提升后的主展线，视觉鲜明、色调和谐、形式多样、富有表情、充满诗意。

八路军太行纪念馆展陈改造提升工程，解决了原来前一、二、三、四部分与后面的五、六部分在设计风格、节奏、色调以及形式连贯性等方面脱节的问题，突出了时代性和艺术性，达到了风格统一、节奏合理、色调协调的良好整体效果，得到了相关部门以及各界参观者的一致好评。

空间介绍

序厅

空间简介

序厅是纪念馆、博物馆类建筑的重要组成部分，序厅的装修装饰是整个展陈的第一个环节，也是极为重要而关键的空间。一个恢宏大气、主题鲜明、艺术感强的序厅，往往会给参观者以震撼和定位性认知，并留下不可磨灭的第一印象。

原纪念馆序厅存在先天不足，是一个无进深、横向狭窄的空间，中间两侧还各立有3根柱子，视野狭窄，缺乏完整的空间感。在改造提升中，重点是要加强八路军主题形象，围绕主题形象做文章。

技术难点、重点及创新点分析

在序厅进口处的顶部中间高出部分增加了一个素色，设寓意全民抗战取得辉煌胜利的"独立自由勋章"造型的浮雕，两侧顶棚作简洁处理。在凸显中心主题标志的同时，达到加大顶部纵深和拓展空间的特别效果。

在序厅两侧端头部位，安排了中国红石材制作的《八路军军歌》和《在太行山上》两首歌的词谱，红底黄字，加强和填补了两侧空间的主题元素。由此在空间利用和展示语言方面都得到了合理的加强。

运用智能化灯光技术，LED、PAR暖色调为主的可调控灯光变幻，强化和凸显了正面太行山主题浮雕的线条肌理及美学感受，避免和消除了外部透入的散射光污染。在智能化灯光的变幻中，播放有环绕音效的轻音乐《在太行山上》。

序厅经过改造升级后，达到了空间与色彩、造型与内容、灯光与音乐的完美结合，从形、声、色三个层次，传达给参观者一个感官效果丰富、主题鲜明、能留下深刻印象的八路军抗战主题形象。

石材、浮雕安装工艺

主要材料"独立自由勋章"造型浮雕材质为GFRP，俗称玻璃钢，词谱饰板材质为石材，品类为中国红，

序厅 歌曲《在太行山上》

板厚25mm，太行山主题浮雕材质为从太行山开采的原石。

"独立自由勋章"造型浮雕、词谱饰板在场外由专业厂家加工制造成品饰板，做成品保护后在施工现场安装到位。

饰板安装工艺如下：现场独立自由勋章安装部位使用钢架进行单独吊装加固，使用4号镀锌角钢作为吊杆，间距1m，与建筑结构采用

序厅正面全景

序厅雕塑

第一展厅

100mm×100mm×10mm 镀锌钢板焊接连接，镀锌钢板使用 φ8 膨胀螺栓固定，横向采用 20mm×40mm 镀锌方管作为辅助龙骨，独立自由勋章背面留置 20mm×20mm 金属方管连接件，穿过石膏板吊顶与横向辅助龙骨焊接加固。词谱饰板通过石材干挂进行现场安装，竖向龙骨采用 8 号镀锌槽钢（间距不超过 1m），与建筑结构采用 100mm×100mm×10mm 镀锌钢板焊接连接（连接点间距不超过 1m），镀锌钢板使用 φ8 膨胀螺栓固定，横向龙骨采用 5 号镀锌角钢

与 8 号槽钢焊接连接，间距同词谱饰板横向高度，采用专用不锈钢干挂件连接词谱饰板与钢骨架。

第一展厅

空间简介

第一展厅内容为陈列的第一部分"日本全面侵华 八路军出师抗日"。主展线为一道残墙形象的景观式展墙。立意突出的形象、凝重的色调，与其匹配的展板图片、历史文物等，鲜明

直接地表达了困难之时，八路军出师抗日的历史背景和内容主题。

技术难点、重点及创新点分析

第一展厅的设计亮点是对厅中间的 4 根建筑承重柱进行景观化处理，提升了整个展厅的历史感。4 段残墙反映出山河破碎、民族危机、困难当前的历史背景，既突出了展示主体，也削减了建筑结构对展示空间造成的负面影响。

残墙景观的施工工艺

基本材料：4段残墙的主要材料为 20mm×20mm×1.5mm 方管、6号钢筋、10mm×10mm 镀锌钢丝网片、胶泥、丙烯颜料。

基层处理：残墙壁式景观底层基层板挂 10mm×10mm 镀锌钢丝网片，钢丝网片上用胶泥打底，然后用 20mm×20mm×1.5mm 钢方管与 6 号圆钢筋进行基础造型塑造，方管与展墙开洞焊接底口处用胶泥固定。

塑型：金属造型外挂钢丝网片，采用胶泥艺术塑型。塑型完毕无误后，表层喷固化剂固化，然后进行胶衣封底，保证底色统一。

表面修饰：用丙烯颜料对残墙进行手工上色、对色、灯光调色，做出最终的艺术效果。

残墙效果的展线

承重柱、残墙景观

第二展厅

第二展厅

空间简介

　　此展厅是第一部分"日本全面侵华 八路军出师抗日"的后半部分，设计的重点是"平型关战役多媒体艺术景观"。

技术难点、重点及创新点分析

　　提升前的"平型关战斗景观"空间视角狭窄，艺术表现力有限。改造提升的难点、重点就是要扩大和加深视觉效果。

　　适当改变现有景观展示布局。在真实、全面再现当时战斗场景的基础上，将原来的一点透视关系调整成多点透视关系，消除观众与场景的距离感。使展示更具艺术张力、场面更宏大、感染力更强，给人以身临其境的感受。

　　在传统半景画的基础上结合高清投影，运用精彩的舞美灯光及逼真的音响效果，再加上精致的景观造型，

平型关战役多媒体艺术景观

很好地模拟了当时的战斗情景，让观众沉浸在平型关战役紧张激烈的气氛中，营造强烈的历史情境感。

　　景观的背景画放大了天空部分，便于在画面上投射飞机掠过及投弹的影像；还可以将全息与背景投影相结合，运用假透视，在视觉上加大场景的纵深感，使表现更丰富、层次感更强。

　　改造提升后的"平型关战役多媒体艺术景观"，是当代展示艺术和高科

技完美结合的创新性成果，对博物馆、纪念馆展陈具有一定的示范意义。

第三展厅

空间简介

　　第三展厅展示的内容是第二部分"开展敌后游击战争 创建抗日根据地"。展厅的主展线从地域主义的理念出发，突出八路军在太行山建立根

据地的历史，传达了战争环境下八路军艰苦抗敌、不屈不挠的革命精神。

技术难点、重点及创新点分析

创新性设计了以太行山崖壁为主造型的雕塑式艺术展墙。凹凸有致、冷峻挺拔的雕塑展墙上，悬挑着黑白历史照片和各类图表，把参观者带入特定的"太行山语境"和当年八路军艰苦抗敌的艰苦环境。

重点设计的景观《王家峪八路军司令部》，改原来的夏景为冬景，增

"王家峪八路军司令部"景观

第三展厅

雕塑式艺术展墙

加了生活方面的文物展品。屋顶的积雪，萧瑟的冬树，朱德、彭德怀两位老总迎风傲立，使景观的历史和文化气息更加浓郁，也更具美感，当年的时代背景和艰苦的斗争环境，跃然再现于观众面前。

基本材料及施工工艺

基本材料为 20mm×20mm×1.5mm 方管、6 号钢筋、10mm×10mm 镀锌钢丝网片、胶泥、丙烯颜料、征集的实物、硅胶人。

施工工艺方面，八路军司令部景观塑形底层基层板挂镀锌钢丝网片，钢丝网片上用胶泥打底、然后用方钢与 6 号圆钢筋进行基础造型塑造，方管与展墙开洞焊接底口处用胶泥固定；金属造型外挂钢丝网片，采用胶泥艺术塑型，塑型完毕无误后，表层喷固化剂固化，然后进行胶衣封底，保证底色统一；用丙烯颜料对景观进行手工上色、对色、灯光调色，制作植被、

小道具（部分小道具通过实物征集获得），塑形创作特型硅胶人物形态。

第四展厅

空间简介

第四展厅展示的内容是第三部分"粉碎日军扫荡 巩固和发展抗日根据地"。设计削减了原来的灯箱类临展语言，加强了展线的厚重感。展厅网格顶颜色作加深处理，使其更加沉稳、消隐，突出了展线的视觉效果。对"黄土岭战役"的呈现由原来局部、不能完整表现的幻影成像形式改为视频投影播放，做到了对内容的完整诠释。

技术难点、重点及创新点分析

创新性设计"抗战文化墙"采用整体统一、风格一致的局部模块化设计，充分有效地利用了辅助空间。文

化墙突出了文物展示，兼顾相关的内容形象展示，层次分明、独立成章、透气性强、一气呵成。展示模块之间增加长青绿植，赋予展陈以鲜活的生命气息和时代感。

"抗战文化墙"施工工艺

"抗战文化墙"基本材料为40mm×40mm 镀锌方钢、12 厘高密度板或奥松板、防火贴面、5 厘板、油画布。

根据展陈内容流程划分展线布局，现场进行实际测量放线、弹线工作。

龙骨安装：安装横向天地钢龙骨，固定膨胀螺栓，镀锌方钢安装要求方正、平衡。安装竖向钢龙骨，焊接镀锌方钢，龙骨竖向间距 400mm，安装要求垂直。安装横向贯穿龙骨，横向距离 950mm，镀锌方钢要求焊接牢固。

基层板安装：展墙基层板为 12厘奥松板或 12 厘高密度板，要求背

第四展厅

抗战文化墙

据展陈内容认真核对测量，要求横平竖直，且有艺术感。展墙制作完毕要做成品保护，展墙整体覆盖塑料膜，以防展墙、展品落上灰尘及脏物。

第五展厅

空间简介

第五展厅的展示内容是第四部分"战胜严重困难 坚持敌后抗战"。考虑当代参观者的心理取向及视觉感受，把改陈前阴暗、直接、画面血腥刺激的"大屠杀景观"，改为"当年揭露日军暴行宣传画"专题文物陈列，既适合当下的参观者欣赏，又突出了历史文物的作用和感染力。在"多层次、多品类集中展示的大文物展柜"中，各种不同形态、不同质地的文物分层、错落、疏密有致地展示着，极富视觉冲击力，给人留下难忘的印象。展墙通过版面不同的色块变化，吸引参观者的注意力，同时达到版面信息传导突出加强的效果。

后贴防火贴面或刷防火涂料 3 遍，材质 A 级，含水率不得大于 8%；基层板安装要与龙骨贴实、牢固，固定基层板螺丝间距不得大于 250mm。展墙衬板为双面 5 厘胶合板，材质 A 级，含水率不得大于 8%；要求平贴牢固，不得有空腹。衬板搓底油，用 0 号砂纸将板面打磨光滑，搓环保型清漆 3 遍，要求搓底油均匀。

装饰线、踢脚线安装：展墙上装饰线下踢脚线的材质及颜色，根据展墙内容及整体风格确定。

展面施工：展墙饰面装裱织物及油画布背景合成图要求装裱织物油画布背景图不得有气泡，对接缝严紧。织物要作阻燃处理，达到国家消防阻燃标准，油画布要求喷上光油 3 遍，起到保护油画的作用，以便清理。根

第五展厅

多媒体景观"大生产"

技术难点、重点及创新点分析

重点设计"大生产景观",对原设计作了重大调整。适当扩大了空间,增加了音乐声响,把原来视角有限、劳动场面气氛不足的场景,改造成远、中、近三层视觉空间。劳动场面热烈、真实感强的艺术景观,大大丰富了景观的内容,增强了景观的感染力。

"大生产景观"材料及施工工艺

大生产景观塑形底层基层板挂 10mm×10mm 镀锌钢丝网片,钢丝网片上用胶泥打底,然后用 20mm×20mm×1.5mm 钢方管与 6 号圆钢筋进行基础造型塑造,方管与展墙开洞焊接底口处用胶泥固定。金属造型外挂钢丝网片,采用胶泥艺术塑型,塑型完毕无误后,表层喷固化剂固化,然后进行胶衣封底,保证底

色统一,然后用丙烯颜料对景观进行手工上色、对色、灯光调色,制作植被、小道具,硅胶人人物形态塑型创作、半景画创作装裱等根据整体构图结合在一起制作成景观的静态部分,再以轻音乐点缀。

第六展厅

空间简介

第六展厅的内容是第五部分"发动局部反攻 恢复和扩大抗日根据地"。

从表现力和地域主义理念出发,艺术地解读文物。突出文物主体,是全息、个性化的文物展示系统。

多层壁式展墙制作及技术措施

安装横向天地钢龙骨,固定膨胀螺栓,镀锌方钢安装要求方正、平衡。安装竖向钢龙骨,焊接镀锌方钢,

龙骨竖向间距 400mm,安装要求垂直。安装横向贯穿龙骨,横向距离950mm,镀锌方钢要求焊接牢固。

展墙基层板为 12 厘奥松板或 12厘高密度板,要求背后贴防火贴面或刷防火涂料 3 遍,材质 A 级,含水率不得大于 8%,环保型安装基层板要与龙骨贴实、牢固,固定基层板螺丝间距不得大于 250mm。

展墙衬板为双面 5 厘胶合板,材质 A 级,含水率不得大于 8%,为环保型,要求平贴牢固,不得有空腹,衬板搓底油,用 0 号砂纸将板面打磨光滑,搓环保型清漆 3 遍,要求搓底油均匀。

展墙上装饰线下踢脚线的材质及颜色,根据展墙内容及整体风格确定。

展墙饰面装裱织物及油画布背景合成图,要求装裱织物油画布背景图不得有气泡,对接缝严紧。

织物要作阻燃处理,达到国家消防阻燃标准,油画布要求喷上光油 3

第六展厅

文物展柜

遍，起到保护油画的作用，以便清理。

根据展线内容展板、图板、文字、艺术品、图表上展墙。上墙的展板、图板、文字、艺术品、图表，要根据展陈内容认真核对测量，要求横平竖直且有艺术感。

展墙制作完毕要做成品保护，展墙整体覆盖塑料膜，以防展墙、展品落入灰尘及脏物。装裱工艺选用双光面高密度板，用抽真空热裱的工艺，将图片裱于密度板上，热裱温度达到150℃，使图片不易起边、起泡、适于长期陈列。

第八展厅

空间简介

第八展厅的内容是第六部分"举行全面反攻　夺取抗日战争最后胜利"。以前的尾厅设计较单薄，虎头蛇尾。改造提升设计在内容和展线基本不变的基础上，进一步强化了表现力和厚重感。

技术难点、重点及创新点分析

在展厅中间的顶部增加了世界反法西斯国家旗帜的环形展示，在

第七展厅

武器展台

不占原展线的前提下，丰富了空间的视觉感受。

本着文物陈列景观化的理念，把原来简单的武器陈列展台，改造提升为结合了武器文物和著名绘画作品、极富冲击力的大型艺术展台。艺术展台的背景是一幅前后相叠、三维构成的抗战题材著名油画；各式武器分门别类、错落有致地陈列在前面的台面上。整体看来壮观恢宏、虚实互证，完美演绎了八路军八年抗战所取得的辉煌战绩，给人留下难忘的印象。

展柜制作的安装施工工艺

根据展陈内容划分，陈列布局及展柜的位置，现场进行实际测量、放线、弹线工作。

结构制作：型钢进入施工现场，首先要打磨、除锈、刷防锈底漆3遍。要求底漆薄厚刷均匀。

展柜结构采用金属型钢焊接，钢架横竖间距不得大于40mm，型钢规格为40mm×40mm×2.75mm，要求焊接牢固、无虚焊，焊口磨平，补刷防锈漆。

外封板安装：展柜内外封装12厘奥松板或高密度板基层，基层板要求热压防火贴面或刷防火涂料3遍，材质A级环保型，含水率不得大于8%，要求板材与钢架贴实牢固，固定螺丝间距不得大于250mm。

衬板安装：双层5厘衬板，材质为A级环保型，含水率不得大于8%，要求板面粘贴牢固，无空腹。衬板单面搓底油，环保型，用0号砂纸将板面打磨光滑，搓3遍底油，要求底油薄厚均匀。

百叶窗安装：采用了后开启式或上开启式的成品百叶窗，方便对展柜灯光进行维修，并有利于展柜散热。

灯箱安装：灯箱内木制品刷防火涂料3遍，要求防火涂料薄厚均匀，厚底不得小于2.5mm，达到国家消防规范标准。安装飞利浦950系列防紫外线日光灯，色温5000K。重点文物采用特殊照明，采用欧斯朗防紫外线光源重点照明，角度24°，色温4500K，展柜照度不得小于300lx。安装8厘喷砂钢化玻璃灯栅，玻璃级别为汽车级，加贴防紫外线膜，喷砂要求薄厚均匀，装裱防紫外线膜无气泡。

外装饰：展柜外侧装裱泰柚饰面板或织物，根据展柜需要而定，泰柚饰面板要求为A级环保型，含水率不得大于8%，粘贴接缝严紧。泰柚硬实木收口，木材要求蒸汽烘干，含水率不得大于12%，收口造型美观，接口严紧，面层光滑无毛刺。安装12厘钢化玻璃窗，玻璃级别为汽车级，四边精磨边，玻璃上下倾斜度5°，要求玻璃板面无划痕，透明度好。展柜饰面板，硬实木收口手擦聚氨酯清漆，要求用0号砂纸将木制品打磨光滑，手擦聚氨酯清漆8遍。展柜背墙装裱织物或油画布背景图，要求装裱无气泡，接缝严紧，板面干净。

展示道具制作：根据文物等级、年代、用途量身定做展台、展墩及各种展示道具。展柜内配置防潮、防湿、防盗装置。

"代蔚长歌" 序厅

蔚州博物馆基本陈列"代蔚长歌"布展工程

项目地点
河北省张家口市蔚县新区

工程规模
展陈面积 20000 平方米
工程造价 4500 万元

建设单位
河北省蔚县人民政府、蔚县博物馆

开竣工时间
2015 年 3 月至 2015 年 7 月

获奖情况
第十四届（2016 年度）全国博物馆
十大陈列展览精品推介精品奖
第八届中国国际空间设计大赛艺术陈
列／展陈空间工程类金奖

蔚县博物馆外景

河北省蔚县地处华北平原与蒙古高原交界处，历史上这里不仅是仰韶文化、红山文化、龙山文化的"三岔口"，也是北方草原文化与中原农耕文化的"双向通路"。境内1610余处文物遗存被誉为"河北省古建筑博物馆"，其中全国重点文物保护单位22处，居县级"全国第一"。

河北蔚州博物馆基本陈列"代蔚长歌"，是国家文物主管部门支持、立项实施的文化重点项目，展示了国保第一大县蔚县厚重的历史文化资源和丰富的文物藏品。2012年5月，中宣部、文化部领导深入蔚县调研基层文化建设，对蔚县文化建设成果给予充分肯定和高度评价，并表示对蔚县新建博物馆给予支持。

蔚州博物馆新馆于2012年开始规划，2013年9月开工建设，历经三年的建设及布展工作，2016年10月对外开放。博物馆占地约3.33hm²，建筑面积13000m²，现有展览面积5000余平方米，是蔚县财政投资最大的公共文化服务项目，现已成为蔚县对外宣传历史的窗口。

设计特点

蔚州博物馆基本陈列"代蔚长歌"，是对蔚县历史文化的综合展示，内容策划突出蔚州特色、民俗情趣和源远流长的历史文化，充分体现蔚县文化的深厚内涵，树立蔚县博物馆在我国博物馆布局结构中的地位。策划中，依照展陈的表现规律，尊重历史，力求准确、有重点地反映蔚县历史文化。在尊重蔚县历史文物资源特点的前提下，将陈列整合为"专题体例"结构，但仍立足于全面反映蔚县的历史文化资源，力求形成几个有先后历史关系、有分量的特色板块。

在艺术表现上，四个陈列展厅都围绕文物设计了相应的重点展项，营造出一步一景、亮点突出、环境优雅的展示环境。在展示手法上注意突出地域文化风格和历史背景。

陈列设计除通常的静态展示手段之外，还增加了不同形式的观众互动空间，让观众通过参与获得更多的历史文化知识。

在表现手法上，以雕塑、展板、文物等展示形式组合构成的展示板块，饱满、生动地表现了展示内容；配有绘画、照片、图表和定制的文物道具等辅助手段的各式文物展柜，在突出文物主体的前提下，诠释了全息、个性化的文物展示理念。创新性地采用壁式景观，在平面的展墙上形成多维效果，烘托了内容，使陈列更加完美生动。如以古堡建筑形象为元素的壁式展墙，唯美、立体地衬托了主展线，恰当地体现了陈展的内容和地域理念。

空间色调考虑了主题内容及历史文化关系。对于展示的重点内容，在突出文物展品的前提下，采用雕塑、绘画、场景还原等方式，还适当采用符合当代参观者需求的多媒体艺术景观展项，有节奏、高格调地表现了蔚县历史的重点、亮点和主题内容。在陈列的光环境设计方面，重点文物展品采用特别照明和红外线光感灯具，如珍贵的明清人物肖像、书画作品采用了红外感应照明，以利于文物保护。

展柜结构采用框架式结构，稳定性强，所有部件均为模块化设计、制作，具有可逆性。密封材料结合使用中性硅橡胶管和中性密封胶，使展柜达到密封要求，并定期对普通展柜除尘、除污，利用虫菌害监控设备做好对柜内有机质文物的监测。

考虑当代参观者的文化需求和展陈的时代性，安排好现代博物馆应具备的沙盘模型、艺术品、场景、视频投影、多媒体及数字化演示空间等。强调文物在博物馆展陈中的主体位置，把艺术效果作为设计重点。

空间介绍

蔚州博物馆基本陈列"代蔚长歌"分序厅、"文明沃土"、"代地春秋"、"文物蔚州"、"古堡世界"五个部分。

序厅

空间简介

序厅是博物馆类建筑的重要组成部分，也是极为重要而关键的空间。

序厅的主题浮雕

多媒体艺术景观"三关人"　　　　　　　　　　　多媒体艺术景观"三关人"雕塑

"文明沃土"厅

序厅的装修装饰是整个布展工作的第一个环节，重点表现的是主题雕塑"代蔚长歌"。

技术难点、重点及创新点分析

大型GFRP（玻璃钢）材质高浮雕艺术作品，全面撷取蔚县地理风貌、历史事件、历史人物、特色文物等元素，并以此为创作素材，由近、中、远三层关系和音符的韵律构成，用雕塑这种表现形式，全景展现蔚县历史上自然和人文的重要节点，体现陈列主题，给参观者以震撼和定位性认知，并使其留下不可磨灭的第一印象。

浮雕安装工艺

现场制作浮雕钢骨架结构。安装横向天地钢龙骨，以膨胀螺栓固定，镀锌方钢安装要求方正、平衡。安装竖向钢龙骨，焊接镀锌方钢，龙骨竖向间距400mm，安装要求垂直。安装横向贯穿龙骨，横向距离950mm，镀锌方钢要求焊接牢固。浮雕通过背后预留的20mm×20mm方管连接件与现场钢架结构焊接。

第二部分"文明沃土"

空间简介

第二部分"文明沃土"，表现了有"中华文明三岔口"之称的蔚县的史前文化，包括旧石器时代和新石器时代的遗址遗迹及出土文物。

技术难点、重点及创新点分析

重点设计了以地质地层关系为形象的景观式展墙，以此营造了蔚县旧

"代地春秋"厅

石器时代的空间环境。展板作三维关
系的悬挑式陈列。艺术雕塑"蔚县的
旧石器时代",把古人类的生活情景
与地质时代完美融合,在科学的前提
下展现了要表现的内容。

　　创新性重点设计"'三关人'大
型多媒体艺术景观",在传统半景画的
基础上结合高清投影,运用舞美灯光及
逼真的音响效果,加上精心设计的景观
人物造型,模拟还原了 4000 多年前蔚
县三关人的生活情景,是当代博物馆展
示与高科技完美结合的成功范例。

第三部分 "代地春秋"

空间简介

　　展线的设计上,配有绘画、照片、
图表和量身定制文物道具等辅助手段
的各式文物展柜,在突出文物主体的
前提下,诠释了全息、个性化"让文
物活起来"的文物展示理念。

文物展示——"汉代陶楼"

群雕"代马雄师"细节

技术难点、重点及创新点分析

介绍古代中国历史重点内容的雕塑"代王夫人泣而呼天",是配以地理人文环境浅浮雕背景的景观式雕塑,它艺术形象地突出了内容的主形象、主题的感染力和厚重感,给参观者留下了深刻印象。

"墓葬考古知识"多媒体艺术景观运用了动态演示和文物科普解读两项当代多媒体技术,简明的画外音解说和形象的光电展示,给参观者以身临其境的体会,令人印象深刻。

群雕"代马雄师"和以剪影式背景墙为衬托的主展线,给人以无限的联想空间,艺术地解读了"风云赵地"的展示内容。

"代马雄师"群雕施工工艺

"代马雄师"群雕创作先创作绘制手稿,然后利用高分子树脂材料翻模塑性,背部采用 20mm×20mm×1.5mm 钢方管加固,同时用胶衣做底色,完成后,运到现场进行安装,安装完毕后,进行细部处理(包括接缝处理等),完成后根据创作艺术效果预期在现场进行丙烯颜料调色以及灯光调色,艺术家手工上色处理(10 遍),基色准确无误后,对浮雕最后进行表面铜艺术效果处理,调制铜粉及金粉,根据灯光多角度手工刷铜粉、金粉,做出最终的艺术效果。

第四部分 "文物蔚州"

空间简介

本部分的重点为"唐墓出土釉陶塔形罐""辽墓壁画""蔚州石刻造像"等作为相关文化背景的景观式造型陈列,它们很好地传递和解读了文物的属,展示了隋唐辽金元时期蔚州繁盛的物质文明和北周到元代散落在蔚州大地上价值连城的宗教文物等奇珍异宝。

技术难点、重点及创新点分析

1∶1 比例的局部艺术景观"南安寺塔"营造出展示的视觉冲击力,景观和成系列佛教文物重大发现"南安寺塔地宫文物"形成了相互解读的默契关系,突出和营造了展示的文化意境。

艺术景观"南安寺塔"施工工艺

南安寺塔景观还原采用 40mm×40mm 方钢焊制成主体结构,然后底层基层板挂 10mm×10mm 镀锌钢丝网片,钢丝网片上用胶泥打底,然后用 20mm×20mm×1.5mm 钢方管与 6 号圆钢筋进行基础造型塑造,方管与展墙开洞焊接底口处用胶泥固定。金属造型外挂钢丝网片,采用胶泥进行艺术塑型,塑型完毕无误后,表层喷固化剂固化,然后进行胶衣封底,保证底色统一,然后用丙烯颜料对残墙进行手工上色、对色、灯光调色,完成最终的艺术效果。

"文物蔚州"厅

艺术景观"南安寺塔"

第五部分 "古堡世界"

空间简介

设计以古堡建筑形象为基本元素，打造立体、逼真、鲜明醒目的壁式展墙，唯美、立体、丰满地衬托了主展线，恰当地体现了陈展的内容和地域主义理念。

技术难点、重点及创新点分析

在展线设计方面，以雕塑、展板、文物等展示形式组合构成的"蔚萝人物"展示板块，和谐、饱满、生动、得体，很好地表现了展示的内容及文化特色。

从文物保护的角度出发，珍贵的明清人物肖像、书画作品，采用了红外感应照明，利于文物的保护的同时，突出了展览的时代精神。

对于"寺庙博物馆""戏楼天地""社火奇观"三个展示组合的展陈设计，从其各自的属性出发，采用了景观、视频等多种当代博物馆展示形式，很好地展现了蔚萝儿女丰富多彩的精神文化生活，增加了展陈的互动性内容。

文物展示"蔚州刺绣"

展板制安方案及技术措施

根据展览要求选择相应的图片和说明文字。照片要求为6寸以上清晰照片或底片。电子文件根据展出图片的尺寸每平方米不小于20M。照片或底片要求激光电分扫描，根据底片图片的尺寸每平方米不小于25M。对电子扫描的图片进行修版（杂点、划痕、色相、饱和度、明度）调整。

图片、文字喷绘文件根据要求放到每实际尺寸200DPI，喷绘精细点数达到1440～2440点/cm²。喷绘用材使用原装纸、进口墨，可保持20年不变色，外覆细纹亚膜，可防水、防晒、防划。

装裱工艺选用12mm厚铝蜂窝板（轻质不变形），用抽真空热裱工艺，将图片裱于铝蜂窝板上，热裱温度达到150°，使图片不易起边、起泡、适于长期陈列。

展板安装根据设计的位置，找准水平，进行悬挂式安装。展柜外侧装裱金属喷塑钢板或硬板喷绘背景合成图，根据展柜需要而定。定制压型钢板收口。安装12厘夹胶钢化玻璃窗，玻璃级别为汽车级，精磨四边，玻璃上下倾斜5°，要求玻璃板面无划痕，透明度好。清理展柜内外，要求展柜内展板、文物、玻璃清理干净、无污迹，达到交工标准。

"古堡世界"厅 1

"古堡世界"厅 2

"古堡世界"厅 3

"古堡世界"壁饰景观墙

图书在版编目（CIP）数据

中华人民共和国成立70周年建筑装饰行业献礼．清尚装饰精品/中国建筑装饰协会组织编写；北京清尚建筑装饰工程有限公司编著．—北京：中国建筑工业出版社，2019.11

ISBN 978-7-112-24414-0

Ⅰ.①中…　Ⅱ.①中…　②北…　Ⅲ.①建筑装饰－建筑设计－北京－图集　Ⅳ.①TU238-64

中国版本图书馆CIP数据核字（2019）第245912号

责任编辑：王延兵　郑淮兵　王晓迪
书籍设计：付金红　李永晶
责任校对：赵　菲

中华人民共和国成立70周年建筑装饰行业献礼
清尚装饰精品

中国建筑装饰协会　组织编写
北京清尚建筑装饰工程有限公司　编著
　＊
中国建筑工业出版社出版、发行（北京海淀三里河路9号）
各地新华书店、建筑书店经销
北京方舟正佳图文设计有限公司制版
北京雅昌艺术印刷有限公司印刷
　＊
开本：965毫米×1270毫米　1/16　印张：11½　字数：280千字
2021年1月第一版　2021年1月第一次印刷
定价：200.00元
ISBN 978-7-112-24414-0
　　　（34073）